拾装

经典单品背后的故事

［英］劳伦·柯克伦 著

张幻芷 译

民主与建设出版社
·北京·

©民主与建设出版社，2023

图书在版编目（CIP）数据

拾装：经典单品背后的故事／（英）劳伦·柯克伦
著；张幻芷译. -- 北京：民主与建设出版社，2023.8
　书名原文：The Ten
　ISBN 978-7-5139-4247-8

　Ⅰ.①拾… Ⅱ.①劳… ②张… Ⅲ.①服装-历史-
世界 Ⅳ.①TS941-091

中国国家版本馆CIP数据核字（2023）第105361号

Text © Lauren Cochrane, 2021
Design © Welbeck Non-fiction Limited, 2021
Translation copyright © 2023 by BEIJING RED DOT WISDOM CULTURAL
DEVELOPMENT Co., Ltd.

版权登记号：01-2023-2555

拾装：经典单品背后的故事
SHIZHUANG JINGDIAN DANPIN BEIHOU DE GUSHI

著　　　者	[英] 劳伦·柯克伦	
译　　　者	张幻芷	
责 任 编 辑	王　颂	
封 面 设 计	李　化	
出 版 发 行	民主与建设出版社有限责任公司	
电　　　话	（010）59417747　59419778	
社　　　址	北京市海淀区西三环中路10号望海楼E座7层	
邮　　　编	100142	
印　　　刷	北京雅图新世纪印刷科技有限公司	
版　　　次	2023年8月第1版	
印　　　次	2023年10月第1次印刷	
开　　　本	787毫米×1092毫米　1/16	
印　　　张	18	
字　　　数	220千字	
书　　　号	ISBN 978-7-5139-4247-8	
定　　　价	128.00元	

注：如有印、装质量问题，请与出版社联系。

The Ten

致BC、MFT、KKP、NH，以及Prince
你们知道你们是谁

目 录

引 言

某天早些时候，我出门散了散步。适逢天气不错的九月中旬，很多人都走到室外拥抱伦敦夏日的尾巴。那天正适合玩我最喜爱的、自写这本书起就在玩的游戏，它叫作"穿搭宾果"——记录我散步途中遇到的每一种单品的次数。从我家到附近公园那短短的往返路途中，我遇见了两件机车夹克、六件白T恤、一双芭蕾舞鞋、四件海魂衫、三条迷你裙、一件小黑裙、好几件帽衫，以及许多许多条牛仔裤。这是个天气晴朗的周末，这一点大概可以解释细高跟鞋和风衣在街头缺席的原因。

我敢打赌，就像我散步时遇到的人一样，你的一身行头里至少包含了上述十种单品中的一种。在写这本书的大多数时间里，我都穿着我最爱的一条牛仔裤和一件风光不再的旧的帽衫，我刻意选择了不起眼的单品。凯蒂·霍尔姆斯的内衣毛衫和比利·波特在格莱美颁奖典礼上那绝妙的机械卷帘帽子（上网搜搜看），都是引发病毒式传播的时尚时刻。但是，相对于"时尚"而言，这本书更着重的是衣物本身。通过聚焦我们每天穿着的衣物，我们得以从镜像中探析我们现在身处何方，以及我们是如何来到这里的。

就拿紧身牛仔裤来举例。1970年代后期纽约的朋克们穿着它们，象征了一种认知层面上对社会规训的反叛与抗拒——当时主流社会里流行的是喇叭裤。四十年时间转瞬即逝，紧身牛仔裤现已成为主流的丹宁之选——2020年，它们占据了女装丹宁类服饰销量的38%。而迷你裙令人惊奇的发迹史源自1920年代的"飞来波女郎"①，经历1960年代的"青年动乱"②，后来发展到1990年代杰

· · · · ·
① 指1920年代的西方新一代女性，她们穿短裙，梳着妹妹头发型，听爵士乐，对社会旧习俗表示蔑视。——译注
② "青年动乱"（Youthquake）又译作"青年震撼"或"青年震荡"，指年轻人的行为引起社会或政治文化的变化。——译注

声名狼藉之人的得体着装:
穿着风衣的威廉·S.巴勒斯,
由艾伦·金斯伯格拍摄

瑞·哈利维尔[1]所穿的那件象征"女孩力量"的米字旗迷你裙。今天,关于迷你裙的争议仍然存在,但这种争议显然更偏向于讨论当今的性别政治现状。

就像我们接下来会发现的一样——语境即一切。帽衫被马克·扎克伯格穿上时,是硅谷文化的象征。然而到了城市环境中,身着帽衫的年轻黑人男性则

· · · · ·

① 杰瑞·哈利维尔(1972—),英国歌手,辣妹组合(Spice Girls)成员。——译注

被视为潜在的威胁，更有可能成为种族归纳①的目标，被警察截下问话。据《每日邮报》评论，穿着风衣的凯特·摩丝是"酷的缩影"，而同样身着风衣的美国前第一夫人梅拉尼娅·特朗普则看起来像是个仿生机器人。《每日邮报》还评价一位穿着细高跟鞋的洛杉矶豪门贵妇②是火辣的，但是同样的细高跟鞋穿在纽约

简单但有效：
莎黛的简洁行头大师课
——牛仔裤配上牛仔衬衫，至今鲜有敌手

- - - - -
① "种族归纳"（Racial Profiling）指执法机关在判断特定违法行为的犯罪嫌疑人身份时，把种族或族群特征列入考虑范围之内，可能导致某一族群遭受更多的怀疑。——译注
② 指真人秀节目《比弗利娇妻》中的"家庭主妇"们。——译注

跨性别女性脚上时则是完全不一样的。包括纽约市律师公会在内的数个组织认为，这样装扮的女性符合《以卖淫为目的游荡法》（该法案后以《反闲逛法》闻名）中的肖像刻画。

被边缘化的社群更易暴露于风险之下，对鞋履的简单选择就可能会导致穿着者被拘捕。物件本身可能是不起眼的，直到它们被穿在了具体个人的身体上——而且非常取决于是什么样的身体之上，它们的含义就此发生了微妙的变化。

我早就认识到我们的穿着是有力量的，可以改变命运。作为摩德族①的孩子，运动鞋精准的弧形线条，或是衬衣上用来固定衣领的扣子之类的细节是多么的重要！就像大多数的青春期少年们一样，我也艰难地领悟到了时尚是如何在一眨眼间掉转风向的。在我终于得到学校里酷孩子们穿的马丁靴时，他们忽然间在一周之内又爱上了军靴。抑或者，在中古浪潮来袭之前，我无休止地担心着学校里的朋友们会发现我身上的衣服来自二手商店，而不是娜芙娜芙的当季新品。我对古着的爱可以追溯至十四岁时花二十便士购入的一件V领套头衫——它大概激起了我对于衣物所携故事的兴趣。我对"分离感"格外好奇：一模一样的服装，是如何在短短几年时间里完全改变其内涵的？比如说，2019年时我带着一点致敬巴黎世家最新几季服装的念头购入了一件1980年代的黑灰色棋盘格裙子，我的购置理由与它原主人当年的购买意图可能有着极大的出入——她是出于何种目的把这件裙子从英国家庭用品店②里买走的呢？为了穿去上班吗？

在时尚新闻行业工作的二十年间，我见证了许多流行趋势的潮起潮落。我写过很多东西，从我对睡衣的爱（这是真的）到未曾预期的威灵顿靴子的回归。在报道时装秀方面，我见识到了一些绝妙的、迷人的、超越凡俗世界的东

......
① 摩德文化起源于1950年代末期在一群伦敦青年中形成的亚文化。摩德族注重品位着装与精致的格调派头。——译注
② 英国家庭用品店（British Home Store）是拥有88年经营历史、现已倒闭的老牌百货公司。——译注

永恒的酷：
1996年科洛·塞维尼用虎纹丝袜给小黑裙
带来了古怪与俏皮

西：香奈儿将巴黎大皇宫变身为带有品牌"双C"标志的超级市场；巴瑞·曼尼
洛在身旁超模们的簇拥下唱着《科帕卡巴纳》；环保运动组织反抗灭绝在伦敦时
装周上上演的一场时尚葬礼；路易·威登重建出以巴黎街景为主题的秀场，而
且在这场秀中，埃克托尔·贝列林走在T台上，还有弗兰克·奥申，他坐在观众
席的第一排……一直以来，我都对时装秀场外的服装——就是那些人们日常上
班、吃饭、去夜店时选择穿着的衣物，以及装扮是如何告诉他人我们是谁有着
极大的兴趣。

说到风格，我最欣赏的其实并不是在红毯上凹造型的人们，因为他们的造型都是由造型师打理出来的。我钦佩的是那些能用服装发声的人。比如身着商务旅装的威廉·S.巴勒斯、用简洁行头"接受真我"的莎黛、《灰色花园》中戴着头巾与钻石出门去震惊整个东汉普顿的小伊迪、将风衣与短裤搭配在一起的普林斯、1996年时穿着虎纹丝袜的科洛·塞维尼与同时期往身上堆叠绳索和尼龙的贾维斯·卡克、在《亢奋》中套着悲伤女孩帽衫的赞达亚。我试图从这些名人身上学习，让服装服务于我，就像服装为他们服务一般。我可能在每年气温回暖的第一天穿上B-52s①短袖衫和超短裙，向志同道合的人发出无忧无虑、满不在乎的感觉信号，也有可能穿着一条小黑裙混进全是陌生人的派对之中。

　　并非所有人都能意识且珍惜风格的力量。某一年的二月份，我像往常一样在各个时装秀场间忙碌，行程把我带到了东南亚地区。在婆罗洲的雨林中，我无可避免地与酒店里的其他英国人开始了闲谈，也同样无可避免地参与到互相介绍的环节。我告诉大家我是一名时尚记者。瞬时，在现场能够轻易察觉到否定与蔑视的气息。"哦，时尚。"人群中的一位翻着白眼的先生回应道。这位魅力十足的人并没有察觉到的是，与在场其他人一样，他的个性已经通过他所选择穿着的衣物表现出来，已在无意之间向大家介绍了他自己——就算身上的是象牌啤酒T恤、登山鞋和抽绳短裤也不能使他豁免于此。事实上，我可以轻易地判断出他是一个典型的"旅行者"，正在向其他的旅行者发出他抱有"不同寻常见解"的信号。同样从他的着装当中不经意间透露出来的，还包括他的背景——他大概来自一个比他意图向外界表露的形象更加保守的背景。就算我们不吐露一个字，我们的服饰也会替我们说出许多事情——而且经常恰好是那些我们并不想向外表露的。

・・・・・・
① B-52s是来自美国乔治亚州的五人乐队组合。——译注

我不是第一个发现这一点的人。罗兰·巴特、迪克·赫伯迪格和瓦尔特·本雅明就在时尚领域想得比我要深远许多。最近，小说家马龙·詹姆斯在谈到服饰时说："穿上外在的东西，可以让你更靠近自己的核心本质。"亨利·霍兰德也曾聊到过他对服装的痴迷，他认为服装是一种"表达情绪的方式，告诉世界我们是谁与我们的感受"。缪西娅·普拉达把时尚视作一种"即时的语言"。就在普拉达发表上述观点的三十年前，艾莉森·卢里于1981年出版的《衣物的语言》（*The Language of Clothes*）一书中就曾提出不存在任何"裁缝的世界语"——"在每一种衣物的语言里都有很多不同的'方言'和'口音'，对于主流文化中的人来说它们甚至是难以理解的"。[1]这便是最吸引我的地方：服装的语言是如何在不同时间、地点和社群中发生转变的。希望在阅读本书中的故事时，它也能激起你的兴趣——无论你今天碰巧穿成什么样子。

The Ten

白T恤

THE WHITE T-SHIRT

　　我一直想成为一个白T恤女人。比如1970年代在巴黎街头斑驳阳光下徜徉的简·伯金，或者湿着头发出现在1980年代《Diana》杂志封面上的戴安娜·罗斯，又或者像卓丹·邓这样的任何一个秀场外的下班模特。但是，因为我预设我的衣服能开启对话、表达品味喜好及对世界的看法，所以我的T恤上可能会出现一个卡通人物、一个碧昂丝金字塔①或者丹尼斯·博格坎普的形象。一件朴素的纯白T恤要远超所有标语T恤发出的喧哗信号，白T恤是一种衣着打扮层面上的故作谦虚——穿着者的独特、酷、脱俗气质与美丽，透过普通的白T恤闪耀出夺目光芒。

　　白T恤的故事没那么简单，很多人都没见过它的"祖先们"。自中世纪起，男人与女人们就在外衣之下穿着棉、丝或者麻制的T字形短衫，这样做不仅可以防止汗水浸湿他们价格高昂的外衫，还能提高日常着装的卫生清洁程度——与外衣相比，它们换洗起来更加便捷。

· · · · ·

① 碧昂丝在2019年科切拉音乐节上，与舞蹈演员构成了金字塔形状。——译注

一个真正的美国英雄：
白T恤在1942年参战

从内衣到制服

　　它们曾与性感毫不沾边，不过情色意味还是在对内衣穿着者的匆匆一瞥之间产生，尤其是女性——当时她们从头到脚被包裹得严严实实。这些衣物被服饰史学家露西·阿德灵顿定义为"裸体的必然序幕"[1]。

　　维多利亚时代的人们对于清洁与卫生的追求，促使T恤的雏形诞生。德国卫生学家古斯塔夫·耶格曾推荐穿着羊毛制内衣，虽然它不会像现在我们所习惯的内衣一样贴身，但它采用了编织面料，不同于过去的衬衣式内衣设计。他的建议直接启发了英国商人刘易斯·托马林，他在1880年创立了原名为"耶格博士的卫生羊毛系统"的内衣品牌耶格（Jaeger）。后来，它并入了Sunspel——一个创立于1860年，自1877年起生产海岛棉T恤的英国服装品牌。

　　美国也有了后来家喻户晓的品牌。鲜果布衣是美国注册最早的品牌商标，创立于1851年，最开始销售的产品是布料。1876年，原名为ST Cooper and Sons，后更名为居可衣的品牌也出现在市场上。1901年，恒适品牌创立。这三家品牌都生产一种当时被称作"连衫裤"的衣物，这是一种穿在外衣下面的连衣裤。20世纪伊始，连衫裤被沿腰线裁断，变成长秋裤加上类似T恤的样子。用来制作T恤布料的棉花作物，很大概率是由奴隶的后代——美国南方的贫穷黑人佃农们种植的。这些早期的T恤与其他众多棉制品一样，在种族压迫的历史中留下过浓墨重彩的一笔。

　　恒适在1901年开始为美国海军生产棉质T恤，1910年代后，鲜果布衣也加入了这个行列。[2]到了1913年，T恤已正式发展成制服当中的一部分。[3]19世纪晚期的英国皇家海军也有类似款式的制服，有时，水手们在执行特定体力任务时会不穿外衣，只穿它们。一个八成是虚构的故事里说，袖子之所以被缝到无袖羊毛内衣上，是因为当时一名海军船员突然得知维多利亚女王要来视察船只，而男人们的腋窝被视为不雅观且不能示人的。法国在T恤的普及过程中也扮演着重要的角色。第一次世界大战中加入远征军的美国士兵们身上穿的是羊毛制长袖内衣，他们深深羡慕法国盟友身上的棉质款式，因为它们在潮湿的战壕中干得更快、更加实用。战争结束后，美国士兵就把棉质T恤的设计带回了自己的国家。

当时对充满男子气概的理想形象——比如精英运动员、工人与士兵的推崇，助力了美国男性与白T恤之间的结盟。1930年代美国大学内各类型竞技运动的兴起[4]，使T恤迅速从内衣范畴中走了出来，跑步的人和训练之余的运动员都穿着它（鲜果布衣自1910年代起就为各大学供应T恤）[5]。实际上，T恤与大学的紧密关联在1920年就已定调——"T恤"一词最早源自弗朗西斯·斯科特·菲茨杰拉德的出道小说《人间天堂》，是书中主角艾默里·布莱恩带去"新英格兰，学校之地"物品清单中的一员。与此同时，无论在海边还是在农场里，从事劳动工作的男性工人们都把T恤当作实用的单品。[6]到了1938年，鲜果布衣、恒适、西尔斯都开始大批量生产T恤，售价24美分（约等于今天的4.4美元）。[7]1942年，美国军方正式地采纳了T恤的服装制式。[8]虽然T恤仍被军方认定为内衣的一种，但是它在士兵之间异常流行，还成了他们形象的一部分。1942年《生活》杂志的封面是一位正在接受空军训练的士兵，他穿着一件紧身T恤，展示着二头肌，怀抱一挺机枪，是典型的美国英雄形象。

英雄与叛逆

　　品牌们发现这种关联对营销而言是好机会。1940年代西尔斯的产品图册上出现了这样的宣传语："无须当兵即可拥有属于你自己的T恤。"[9]情色是这种紧身又实用的单品无法否认的潜台词。米歇尔·米勒·费舍尔形容这些品牌"使用一种奇怪的、模糊暧昧的修辞手法……一方面专注于具备男性魅力的异性恋士兵和父亲的形象，另一方面又提供了绷紧肌肉的男性躯干的同性恋象征"。[10]

　　这种现象在二战后被进一步强化（那个时代穿着T恤的女人非常罕见），马龙·白兰度就是其中具有代表性的名人案例。1947年，白兰度在田纳西·威廉斯的《欲望号街车》中，突破性地出演了斯坦利·科瓦尔斯基一角。剧中那紧紧绷在白兰度躯体上的白T恤，告知观众这是一名退役军人、工人、南方佳丽布兰奇·杜波依斯优雅气质的陪衬。它还服务于另外一个目的——紧紧贴住每一块肌肉，给布兰奇展示那无法被任何西装驯服的性感。

　　1951年白兰度在电影中重饰斯坦利一角后，那深邃迷人的形象使他在一夜之间成为性感符号。T恤也成为新一代人关注的焦点。白T恤就像缝在了白兰度身上一样，两年后再度出现在他主演的电影《飞车党》中。接棒白兰度的是年轻的猫王，还有在1955年的电影《无因的反叛》中身穿牛仔裤、松紧带夹克与白T恤的詹姆斯·迪恩。[11]在那个时代少有的彩色电影里也出现了身着白T恤的演员，比如西德尼·波蒂埃，他在1955年上映的《黑板丛林》中出演了一名身着白T恤的少年犯。白T恤也出现在哈里·贝拉方特身上，他在1957年的电影《日光岛》中饰演了一位身穿白T恤、深陷跨种族关系的政客。这一切都使白T恤看起来很危险，它甚至成为一件意味着动荡和变化的物品。社会中的保守派开始

叛逆的单品：
穿着白T恤出演20世纪中期少年犯的西德尼·波蒂埃

抵制T恤，以致它常常被学校禁止穿着。[12]爱国主义是把白T恤以效仿英雄的名义带进平民衣柜的催化剂。年轻人更是热情地效仿叛逆的英雄们。在这些因素的合力影响之下，白T恤从内衣发展成制服，最终真正成为一种时尚单品。

T恤的人体广告牌时代来临了。1948年，据称共和党总统候选人托马斯·杜威在竞选期间分发了印有"和杜威一起干"（Dew-it-with-Dewey）字样的T恤（如果这个故事真实的话，看来没多少人接受了他的提议，因为那届竞选是杜鲁门赢得了连任）。[13]到了1950年代，儿童穿的T恤印上了从大卫·克洛科特到米老鼠等五花八门的图案。接踵而来的是摇滚T恤——据考证，第一件摇滚T恤诞生于1956年，上面印有猫王的形象，显然是由猫王的经纪人汤姆·帕克上校制造的。[14]1950年代后期丝网印刷普及之后，T恤市场彻底进入繁盛期，它甚至也参与了披头士热——1964年披头士乐队第一次来到美国巡演时，人们可以购买他们的T恤。[15]到了1960年代中期，配着"要做爱，不要作战"（Make love, not war）口号的T恤又现身于反越战游行中。[16]

随着1960年代一同到来的，是第一个著名的女性身穿T恤的时尚时刻：在让-吕克·戈达尔的电影《精疲力尽》中，珍·茜宝饰演一位在巴黎售卖《纽约先驱论坛报》的年轻美国女性，她穿着一件印有报纸标识的T恤，搭配一条黑色九分长裤。茜宝代表了一种美的新形式：俏皮中性风①。德妮塔·塞维尔认为T恤对于这场时尚风潮而言至关重要，因为它能够"展示她丰满的曲线，同时又体现一种新的、年轻的、雌雄同体的诱惑与女性力量"。[17]奢侈品牌们很快从中发现了商机，巴尔曼和迪奥等品牌均在1960年代出售丝质T恤，与着装规范休闲化和优雅标准多元化的观念变迁保持了一致。

. . . . .
① 即the gamine，为法语词汇，原意为流浪者或者嬉戏的孩子。通常指苗条的、有点男孩子气、俏皮又优雅的年轻女性，代表人物为奥黛丽·赫本。——译注

到了这个时期，男人穿白T恤的情色意味使它在同性恋文化的风格万神殿中占据了一席之地。在1967年的英国，它是终于见证了同性恋被部分合法化的那代人穿衣风格中的一部分。身着白T恤、翻边牛仔裤和运动鞋的剧作家乔·奥顿正是其中的典型。特莉·纽曼在《名作家和他们的衣橱》一书中写道："奥顿拒绝融入1960年代对男同性恋的刻板印象中……在戏剧界，其非正式的穿衣风格使他与穿着西装和靴子的大部队区分开来。" [18]

性、震惊与标语

乔·奥顿在T恤历史中的地位在他英年早逝后仍然无法撼动。1974年，朋克先驱薇薇安·韦斯特伍德和马尔科姆·麦克拉伦在读到奥顿日记中"性是激怒他们唯一的方法" [19]这句话后，将他们的店铺命名为"性"（sex）。店中售卖的T恤带有强烈的社会评论性，有时甚至会让人觉得非常冒犯。比如一件描绘了同性狂欢场面的T恤，上面写有"激情床伴"（Pick Up Your Ears）字样，灵感来源于奥顿同名自传。其他T恤上的图像包括了正在发生性行为的迪士尼卡通人物、赤膊上阵并将彼此生殖器贴在一起的牛仔、印在胸部位置上的赤裸胸部、万字符、鸡骨和性犯罪者。关于朋克，迪克·赫伯迪格曾这样写道："从本质上重视反常与异常的价值。" [20]与朋克相邻的是光头党①，他们把白T恤与紧身牛仔裤、背带、马丁靴搭在一起，致敬工人阶级的英雄们。虽然白T恤最初是

· · · · ·
① 光头党（Skinhead）起源于1960年代英国工人阶级的次文化，成员普遍剃着光头。——译注

白T恤女人：
1974年的简·伯金
——白T恤、牛仔裤和法国阳光打造出毫不费力的时髦

文化多元的象征，但当它与国民阵线①关联，在这种语境下，白T恤成为种族主义者的制服。

　　1970年代同样出现了身着白T恤的女性。简·伯金把它融入了南法风格，琼·狄迪恩穿着它吸烟，帕蒂·史密斯身上的那件则印着基思·理查兹咧嘴笑

· · · · ·
① 国民阵线（the National Front）是英国的一个极右翼法西斯主义政党，该党在英国任何一级政府和议会都没有当选代表。——译注

原版：
四十年后，1975年的T恤在Instagram上被重新发现，
引来了成千上万的模仿者

的照片。一款T恤广告的标语声称它是"一件解放了美国上半身的衣服"。[21]在这些女性身上，T恤诉说了一种毫不费力的女性自信——尽管值得注意的是，并不是每个人都被允许"毫不费力"——1970年代穿白T恤的女性全都是中产阶级的苗条白人。

印有定制信息的T恤变得流行开来。塞维尔说，金宝百货公司①在1976年声称它们每周可以售出1000件这样的T恤。著名的"我爱纽约"（I Love NY）T恤诞生于1977年。[22]当时的纽约有10亿美元的财政赤字，正在遭受大规模失业的打击。[23]纽约州政府委任梅顿·戈拉瑟设计了这款宣扬团结与希望信念的T恤，它一炮而红，备受纽约市民和游客们的欢迎。

1975年还发生了至今仍被广泛提及的T恤时刻。纽约的第一家女性书店——Labyris Books印制了一件印有"未来是女性"（The Future Is Female）标语的T恤，摄影师丽萨·柯万拍摄了一张她彼时伴侣——音乐家阿利克斯·多布金穿着它的照片。后来，设计师瑞秋·伯克斯在@h_e_r_s_t_o_r_y的Instagram账号上发现了这张老照片，并在2015年重制了这件T恤。重制款成为包括歌手安妮·克拉克（St Vincent）与模特卡拉·迪瓦伊等在内的众多当代女权主义者最喜爱的单品之一，当它被飞速复制后，任何人都可以在Etsy上面买到。2016年，女权标语T恤出现了奢侈品版本。迪奥有史以来第一位女性创意总监玛利亚·加西亚·基乌里在她的首季品牌系列中，将奇马曼达·南戈齐·阿迪奇出版的图书的书名《我们都应该是女权主义者》（*We Should All Be Feminists*）印在了T恤上。

白T恤在1970年代文化中扮演的是麻烦不断的角色——看看湿T恤竞赛的例子吧。《胸部文化百科全书》（*Cultural Encyclopedia of the Breast*）这本书

- - - - -

① 金宝百货公司（Gimbles）是一家美国百货公司，创立于1887年，经营历史长达100年整。——译注

将湿T恤现象追溯至1977年的电影《深深深》，在片中，杰奎琳·比塞特穿着一件薄薄的白T恤在水下游泳。不过，1975年《棕榈滩邮报》才是使用"湿T恤竞赛"一词的第一个已知案例，当年的报纸头条写有"酒吧湿T恤竞赛"的标题。这篇报道记录了春假期间的女大学生们是如何为了75美元的奖金而袒露自己的胸部，作者点评道："这足以让女权主义者们立即感到窒息。"到了1970年代末，根据语境及穿着者身份的不同，T恤可能代表着反叛、种族主义、性吸引力、人格物化、抗议或者朋克。

适合所有人的单品

在接下来的十年里，各类人群出于各种原因纷纷穿上了T恤。白T恤与白兰度、迪恩和波蒂埃等叛逆偶像的紧密关联，使它在1980年代再次被赋予了明星的光环。正如三十年前一样，白T恤经常与它最好的朋友——蓝色牛仔裤搭配在一起。1986年的电影《春天不是读书天》中的菲利斯·布埃勒在休息日时就这样穿，1985年A-ha乐队音乐录像《Take on Me》中的大众情人莫滕·哈克特也是如此，穿着同样搭配的还有香蕉女郎乐队的三位成员，以及戴安娜·罗斯。

据《纽约客》报道，印制T恤成了一门大生意，整个行业仅在1982年的一年时间里就售出了3200万打T恤。[24]创作者们发现T恤能把他们的信息与作品传播出去，是一种很好的媒介。1986年，从在地铁站台上涂涂画画起步的艺术家凯斯·哈林开设了一家名为Pop Shop的商店——这是一种把自己的艺术作品延伸至画廊空间外场域的办法，店内出售印有他标志性的婴儿和电视图案的T

恤，由此领先于整个时代。多亏了像Pop Shop这样的存在，现在的人们可以像对自己最喜欢的乐队一样，通过穿搭对某位艺术家表示致敬与忠诚。今时今日，哈林的作品已经走向了超大批量生产——它们出现在优衣库标价12.9英镑的T恤上。

哈林还用T恤来抵抗新的威胁——艾滋病。1987年，在名为"Act Up"的对抗艾滋病联盟①将"沉默=死亡"（Silence=Death）作为其海报宣传标语之后，这句话在同性恋群体中成了一句流行口号。哈林把这句口号转印到了T恤上，配以他创作的卡通人物形象。同一时期，T恤也是美国黑人中产阶级坚持自我的一种工具。作家、电影人尼尔森·乔治曾写道：那是属于口号式T恤的一年，印有"这是黑人的事，你不会明白"（It's a Black Thing. You Wouldn't Understand）之类标语的款式在以黑人学生为主要群体的大学里流行开来。

可以说，1980年代的T恤高光时刻实际发生在唐宁街。1984年，凯瑟琳·哈姆内特在赢得年度设计师奖项后被邀请参加时任英国首相撒切尔夫人的招待会。这位一贯有政治嗅觉的设计师意识到这将是个绝佳的拍照机会。她穿了一件印有"58%的人不欢迎潘兴"（58% DON'T WANT PERSHING）字样的T恤去见撒切尔夫人，直指美国在欧洲部署潘兴导弹系统。哈姆内特对《卫报》说："我打开了我的夹克衫，让房间里的摄影师们能清晰地看到它（T恤上的文字）……她（撒切尔夫人）看了看说，'你看起来穿了一件印有相当强烈信息的T恤'……她像鸡一样发出了粗粝的惊叫声。"哈姆内特的事迹被广泛传播。她本人出现在《十点新闻》里，她的T恤出现在《Top of the Pops》这个节目中，然后又被刊登在各类时尚杂志上。[25]她的风格在之后的岁月里被无休止地模仿——从当时的威猛乐队和法兰基到好莱坞到近期的亨利·荷兰。

. . . . .

① 全称AIDS Coalition to Unleash Power，Act Up为其缩写，这是一个成立于1987年的国际性基层政治团体，致力于结束艾滋病的大流行。——译注

T恤是1980年代青年文化的主要构成部分。有了公敌（Public Enemy）、野兽男孩乐队和N.W.A的背书后，它在嘻哈世界里流行起来。在1988年的"爱的第二夏"①，整个英国所有锐舞②狂欢者身穿的T恤上都出现了笑脸的图案。一开始，这张笑脸是丹尼·兰普林开设的Shoom俱乐部的标志，后来，就像约翰·沙维奇在《卫报》中写的那样，它"作为酸性时尚③的标志迅速席卷全国"。不过，当下一代年轻人也穿上同款笑脸T恤后，这个原本象征着快乐的标识迅速堕落："随着酸浩室音乐④在那年变得流行，笑脸从梦想的标志沦落为邪恶的预兆。"

当然，当某件东西被诋毁后，它自然成为反主流文化的素材。1992年，涅槃乐队重塑了该笑脸的形象，他们把一件T恤带到了乐队商品的货架上——黑色的、印着扭曲的笑脸图案、眼睛部位画上了两个叉（直到三十年后的今天，该T恤仍在不合群的青少年群体中流行着）。同年，涅槃乐队的主唱柯本穿了一件有着丹尼尔·约翰斯顿名字的T恤去参加MTV音乐录影带奖颁奖典礼。在那之前，约翰斯顿还只是一个不起眼的名字，颁奖典礼过后大西洋唱片便和他签了约。[26]

著名的马尔科姆·艾克斯T恤是T恤中的一面抵抗旗帜，上面印有口号"我们闪亮的黑王子"（Our own black shining Prince）——这是马尔科姆葬礼悼词中的一句话。大量具有政治意识的新一代年轻黑人选择穿上这款T恤，以至于《洛杉矶时报》称此为"马尔科姆狂热"。这一狂热现象，受到斯派克·李1992年的传记片《马尔科姆》进一步推波助澜。这些T恤最终惹恼了当权者。穿着它们的年轻人被从学校清退回家——历史再一次重演。[27]

· · · · ·
① "爱的第二夏"（Second Summer of Love）是1980年代的英国文化运动，见证了酸浩室音乐的兴起与锐舞派对的流行。——译注
② 锐舞（Rave）是一种通宵达旦的派对，通常现场会有DJ播放电子舞曲。——译注
③ 酸性时尚（Acid Fashion）通常拥有金属质感、霓虹色调，利用高饱和度与折射材质营造迷幻、怀旧与未来感交织的时尚气息。——译注
④ 酸浩室音乐（Acid House）是浩室音乐的子类别，起源于美国芝加哥。——译注

采取所有必要手段：
穿着T恤宣传斯派克·李1992年的马尔科姆传记片的年轻人

　　白T恤同样也是墨西哥裔美国亚文化"Cholo"风格中的定义元素。受移民工人与监狱犯人的着装影响，Cholo风格里的白T恤是超大尺寸的，常与格子衬衫、宽松牛仔裤、靴子和文身搭配在一起。它们特意留有精心熨烫过的褶皱痕迹，看起来就像刚从包装盒里拿出来的崭新T恤一样。它的"合身程度"在全美国的流行样式中都是屈指可数的。据Love Aesthetics网站上一名自我风格认同为Cholo的网友克瑞斯说："你的衣服越宽松，就越能表现出你对社会期望的反叛。"类似的抵抗在其他被剥夺权利的年轻人群体中也有所体现——Cholo风格与它最核心的XL码白T恤，在更大范围内影响了非裔美式街头文化，后来又传播到了日本和泰国。

1990年代初电影中的白T恤意在颠覆，如今已演变为美国的标志。电影《末路狂花》中拿着左轮手枪、开着1950年代款敞篷车的路易斯就穿了一件。还有约翰·沃特斯1990年执导的电影《哭泣宝贝》中，年轻的约翰尼·德普穿着一件白T恤和一件机车夹克，梳着蓬松感十足的油头，打扮成了1950年代颇具魅力、绰号为"哭泣宝贝"的维德·沃克。片中的这套装扮，清晰明了地诠释了电影预告片中所强调的——沃克是"天生的坏蛋"。

T恤成为时尚宣言这件事也同样发生于1990年代。包括乔治·阿玛尼与海尔姆特·朗在内的众多时装设计师都穿上了T恤。詹姆士·珀思之类的品牌开始将昂贵的素色T恤转化为一种象征身份的单品。而Bape、Stüssy和FUCT之类的滑板与冲浪品牌则提供了不一样的选择：它们将品牌标志放在T恤正面正中心的位置，营造一种"懂的自然懂"的感觉。这一切随着1994年Supreme品牌的创立定了调。[28]这是一个因限量发售商品引发过真实骚乱的品牌，一开始由三款T恤起家——其中之一就印有它如今标志性的标识。从严格意义来说，Supreme的T恤并不是走排他路线的，定价大概在49英镑一件，根本比不上古驰标价980英镑的衣服。稀缺性增加了文化货币的价值，这道理也同样适用于真实流通的货币：二手市场上，一件标价49英镑的Supreme的T恤，最后都会卖到上千英镑的价格。

长T恤与潮人T恤

到了千禧年，不同人群用白T恤来表达不同的诉求。所谓的长T恤（Tall Tee），顾名思义，是一种长且宽的白T恤——它恰当地展示了一件物品是如何在不同人群间衍变出不同意义的。

Galaxy品牌以生产高达8XL码的长T恤闻名。最早的消费者是1980年代在校读书的年轻美国女性，她们都想要一件能兼作睡裙的大T恤——"寝室T恤"。二十年后这种穿法已经过时，不过长T恤找到了它的新粉丝群体——活跃于城市中心的有色人种的年轻男性。他们通常一次性花25美元买上五件，而且可能穿过一次就扔掉，以保证每次身上都是最亮眼的白色。

购买这类长T恤的人不得不经受罪犯侧写，而且因为学校担心它与帮派文化有关，所以禁止其在校园中出现。2004年，长T恤出现在以巴尔的摩为背景的犯罪剧《火线》中。剧中的长线人物巴伯斯有着严重的药物滥用问题，为了增加收入，他会推着购物车兜售长白T恤。盖迪·德克特在2005年收集了各方对长T恤流行趋势的意见，写成文章刊登在《巴尔的摩城市报》上。音乐记者彼得·沙匹洛将其定义为一种风格的体现："这是一种观念——生活不仅要过得大气，而且要过得超级大气。套上长及膝盖的长T恤就是一种大胆的声明。"其他观点则把长T恤与伪装联系在了一起，比如来自巴尔的摩商店找零处的店员斯图尔特·斯尔博曼说："如果警察在搜查嫌疑犯，（嫌疑犯总是穿着）长白T恤和长短裤……所以（警察）总是抓不到他们。"

无论动机如何，这件低调的单品已经走出了它的城市栖息地。2000年，埃米纳姆在MTV音乐录影带奖颁奖典礼上演出时穿了一件长T恤，身旁环绕着一群与他打扮相同的年轻男性伴舞。同样穿着长T恤的还有尚恩·库姆斯、Jay-Z和利尔·乔恩。长T恤的受欢迎程度与亲民价格使它能在粉丝与明星间达成一种平衡。据估计，Galaxy品牌在一年内售出的长T恤接近三百万件。

还有一个品牌在卖T恤这方面做得很好，迎合了另外一个群体——"潮人"。它便是AA美国服饰，由多夫·查尼创立，自2003年起就自己生产服装，旨在为那些有设计敏锐度且认可该品牌赫尔维提卡体字体①标识的顾客提供基础款单品。品牌产品整体的销量增长迅猛，2005年达到了显著的525%的涨幅，而这其中的一个原因正是它的T恤。到2009年时，"2001款紧身版型细针织衬衫"是AA美国服饰的销量冠军。[29]看似朴素的紧身设计实则灵感来源于1970年代，它成了从柏林、蒙特利尔到伦敦等各大城市中"酷"的低调象征。这些城市的广告牌上都张贴着泰利·理查森为品牌拍摄的饱受争议的广告，画面中的年轻女性穿着这些T恤，搭配上超短裤与及膝袜。一切随着2014年查尼和理查森涉嫌性骚扰的历史被揭露而坍塌。忽然之间，这些广告看起来好似有了更黑暗的隐意，没有人再想穿着印有赫尔维提卡体字体标识的衣服了。

新的、旧的、
白色的、更多的

即使AA美国服饰品牌重启，往日风光也难以寻回。但是白T恤仍然毋庸置疑地酷。它就是这样的一种单品——寻找它的完美版本被视作一种高尚且有价

· · · · ·
① 赫尔维提卡体（Helvetica）是一种被广泛使用于拉丁字母的无衬线字体，由瑞士设计师马克斯·米丁格和爱德华·霍夫曼于1957年设计。——译注

值的追求。The Row是奥尔森姐妹在2006年创立的时尚产品线，品牌的初始目标便是创造出最高版本的"终极T恤"。她们是否已达成最初的目标尚有争议，不过能确定的是，现在你只需付300英镑，一件The Row品牌的T恤就归你了。

　　白T恤特有的匿名性使它成为极简风格的中流砥柱。与人们认为时尚人士就应打扮成宛如五彩斑斓的孔雀正相反，极简风格执着地迷恋"返璞归真"的衣物——超市牛仔裤、泥灰色的运动衫、厚重的运动鞋和白T恤。2014年，时尚杂志《The Cut》将这种时尚风格称为"那些意识到自己只不过是70亿人中一员的人的时尚"。

　　匿名性并非迎合了所有人的喜好——作为空白的画布，白T恤也出现在了激进主义活动分子的"武器库"里。比如"黑人的命也是命"运动中在T恤上印着"没有公正就没有和平"（No justice, no peace）的抗议者，以及把T恤当作夹板广告牌来传播自己对于几乎任何大事小事看法的Instagram用户们……自从伯克斯重制了"未来是女性"T恤，女权信息就可悲地被商品化至近乎毫无意义的地步，且常常被其他信息喧宾夺主。印象中深刻的T恤例子包括2017年CORBYN耐克对勾、"弗兰基说去你的脱欧"（Frankie Says Fuck Brexit）、马丁·罗斯"有前途的英国"（Promising Britain）、2017年巴黎世家的伯尼·桑德斯致敬，以及"去他的鲍里斯"（Fuck Boris）——那是一份被视为极具挑衅性质的宣言，2020年，穿着这件T恤的人几乎陷入被捕的境地。相比之下，每个人都能理解并且表示支持的标语信息出现在NHS①的T恤上。2015年，SPORTS BANGER品牌盗版设计了一款T恤，把NHS的健康服务标志和耐克的对勾图结合在了一起。在英国，2020年新冠疫情肆虐之际，这款T恤格外切题，它在五月份，仅仅三个晚上就售罄，为NHS筹集了10万英镑的善款。和公

· · · · ·
① NHS全称为NATIONAL HEALTH SERVICE，即英国国民医疗服务体系。——译注

可穿戴的标语牌：
2019年马丁·罗斯在秀场中发表的对英国脱欧的评论

众认知的人设一样，该品牌的创始人强尼·班格坚定地认为激进主义绝不仅仅是一件T恤所能代表的，不过T恤可能会是一个很好的开始。

对于大多数人来说T恤仍是基础款，因此它们的价格可以低廉到令人震惊。森斯伯瑞一盒三联装T恤的售价仅在3英镑，与一顿优惠套餐的价格是一样的——难怪T恤会成为环境保护议题的争议中心。2012年，大概有20亿件T恤被消费者带回家，而且很快就被丢弃。[30]据联合国数据显示，仅在2017年一年时间内，就有2.76亿件二手T恤被运往莫桑比克。[31]T恤的生产过程对自然环境也有实质性的负面影响——每种植1千克棉花，需要耗费多达11000升水。而且，整个棉花产业的农药使用量占地球上所有农药使用量的24%，不但严重影响种植者的健康，还大大污染了自然环境。[32]所以，下次当你再把一盒三联装白T恤放进购物车里的时候，请想想上述的数据与事实吧。有机棉花相对而言会对环境问题更友好一些，每千克只会用到约846升水，显著低于非有机棉花的水耗。可以看看ARKET、COS、Colorful Standard和Weekday这些品牌，它们都是使用有机棉花的。

或者新T恤也并非必需品。你衣柜里现有的旧T恤通常更具吸引力——它们是真正陪你体会过快乐与烦恼的衣服。艾米莉·斯皮瓦克在她迷人的著作《穿在纽约》（Worn in New York）中，讲到了从亚当·霍罗维茨到艾琳·迈尔斯这些作家与名人们最喜爱的单品，而T恤总是出现在他们的故事当中。迈尔斯在聊到她一件已发旧、褪色并破了洞的T恤时说道："即使它已经破旧得不行，但它也是一件真正的衣服。……穿上它的时候我感觉整个世界都到位了。"[33]我可能不是一个"白T恤女人"，但是我能理解这番话。我有一件砖黄色的T恤，是我妈妈在1980年代时穿过的。它是如此破旧，以至于有次我穿上它时，我的一位朋友说我看起来像是"遇难"了。但我仍然很珍惜它，就像迈尔斯说的那样：穿上它时，感觉整个世界都到位了。

现在如何穿着白T恤

找到适合你的它

你的完美白T恤应是一种绝对私人化的选择。随你心愿去穿紧身的、廓形的、露腰的或者加长的吧！白T恤这种单品就是可以按你个人喜好与心情来挑选和变换款式的。拥有狂热追随者的品牌包括COS、APC和SUNSPEL。

与牛仔裤一起打造冷酷经典

这套装扮流行了七十年时间是有原因的——牛仔裤和T恤的搭配，就像汉堡和薯条一样。这种无需费力思索的打扮，可以参考卓丹·邓或者詹姆斯·迪恩。为了更好的效果，请选择深色的靛蓝牛仔裤——它能使白色更加凸显出来。

或者，混搭

如果你的穿搭重点在下半身，那么白T恤很适合融入你的全身装扮中。比如，把它想象成你PVC材质短裙、1990年代风格短裤或印有猫咪图案长裤的安静衬托。

利用标语T恤

T恤是有新用途的，它能告诉路人你的信仰及你的价值观念。你可以学习凯瑟琳·哈姆内特的做法，让你的信息传播出去（小贴士：就算你去见的不是首相，这招也完全好使）。

好好照料它

没有人想要一件发黄的白T恤。除了使用对环境有害的漂白剂之外，玛莎·斯图尔特推荐我们在洗衣服时加入一些柠檬汁。谢谢你的建议，玛莎。

须知事项

● 在T恤之前，有作为内衣穿着的T字形衬衫。我们现在所认知的T恤出现在20世纪初，它很快成为英国、法国和美国海军制服的一部分。同样穿着T恤的还有当时的运动员和工人们。

● 二战后，受电影的启发与影响，白T恤成了坏男孩的代表——参考马龙·白兰度、詹姆斯·迪恩和西德尼·波蒂埃的形象。这一切都使白T恤看起来就是危险的代表，甚至带有动荡的意味。一些学校禁止学生穿着T恤。

● 印有标语的T恤出现在1948年，是当时托马斯·杜威竞选总统时用到的宣传造势手段之一。在那之后，标语T恤被朋克们穿去了越战抗议游行，又在凯斯·哈林的手下变得艺术起来。第一个属于女性的"T恤时刻"发生在1960年的电影《精疲力尽》中，主演珍·茜宝穿着印有"纽约先驱论坛报"字样的T恤。

● 2000年左右，包括墨西哥裔Cholo等在内的非主流社会群体把超大尺码T恤作为他们的时尚选择，年轻的有色人群会套上尺码高达8XL的长T恤。也许尺码上的"大"意味着威胁上的"大"——社会当局把这种穿衣风格与帮派文化联系在了一起。

● 作为空白画布，白T恤现在被激进主义者纳入了他们的"武器库"里。可参考"黑人的命也是命"运动里"没有公正就没有和平"的T恤，还有Sports Banger盗版设计的NHS+耐克对勾T恤——后者在2020年新冠疫情肆虐期间为NHS筹得了10万英镑的善款。

采访
时尚设计师
马丁·罗斯

2014年马丁·罗斯设计她的品牌标识T恤时，并未预料到她本人穿着"马丁·罗斯"T恤会是一件麻烦事。"真正让我失望的，就是去咖啡店时店员问我叫什么名字，简直是致命打击，"她说道，然后笑了出来，"老实说每一次我穿这件该死的T恤时，我都不得不出于某种原因说出我的名字。"

当然了，不叫"马丁·罗斯"的人们可以不受烦扰地穿这件T恤，而且很多人都这样做——它现在是这个伦敦品牌最畅销的单品。马丁·罗斯品牌出售从衬衫到西装的所有商品，为男性而设计但同样也被女性选择。T恤是这个品牌身份的核心，"（T恤是）彻底的民主，你真的可以通过它吸引到顾客"。两名设计助理正将一些图片钉在罗斯办公桌后墙挂着的情绪板上，她说道："你可以创作出奇怪又美妙的作品系列，然后想办法把系列讲述的故事锚定在T恤上。"

罗斯1980年出生在南伦敦的一个牙买加裔英国家庭里，2007年创立了她的男装品牌。该品牌以独特的视角吸收了青年文化与时代精神，同时又以欣赏的目光重新探索了平凡的意味。她的设计灵感曾经来自巴士售票员与自行车信使，她的时装秀曾在托特纳姆市场和她女儿就读的学校等场地举办。罗斯经常回顾起她的青春时光和人生旅程，特别是在1980年代末和1990年代初长大的亲朋好友，这一切都与她对T恤的爱息息相关。"除了我的孩子之外，如果我的房子着火了，我会救下自九岁起就拥有的一件酸性笑脸T恤，"她说道，"我的表亲在1989年时特别痴迷锐舞，是他给了我这件BOY London的T恤……它能带我回到那个年代里所有的重要时刻，比如见证我的表亲走出家门，成为这场锐舞狂欢的一部分，让我知道外面有另一个我暂时还不能去，但迫不及待想要见识的世界——我当时真的等不及了。"

可以说正是这些经历塑造了今天的设计师罗斯。她深知这些谦逊的单品蕴含的力量，她说："如果有人能在三十年后还拥有我的T恤，那会是我最大的荣誉。"她也同样使用T恤来发表宣言——2019年的系列中包含了关于脱欧的信息，她还把一件T恤印上了打扮成政客的小丑的图案。"我们被这些小丑没日没夜地'轰炸'着，听他们扯脱欧的鬼话，"她回忆道，"我记得它到处都是。对它完全置之不理、不予评价是完全不可能的事情。"

除了在她的设计系列里收录T恤之外，罗斯——正如笑脸轶事所证明的那样，她自己也穿T恤，而且几乎每天都穿。她说她收集了数百件T恤，从中古、恒适白色经典款，到ARIES和Supreme等滑板品牌的都有。这一天，她穿的是一件中古白T恤，上面有着红金绿三色的非洲地图图案和"解放南非"（Free South Africa）的口号。"衣物是很有趣的，因为它们是和我们最亲密的物品，最贴近我们的肌肤，"她说道，"当你看到有人穿着一件写着强烈宣言的T恤，或者是表达了任何信息的T恤，你明白他是真的相信那条信息。"对于罗斯来说，一件T恤可以表达很多观点——反对种族主义、热爱锐舞、延误脱欧，等等。但是穿上一件印着自己名字的T恤呢？这一步可能确实迈得太远了。

迷你裙
THE MINISKIRT

1973年，诗人、作家约翰·贝杰曼形容位于伦敦西北地区的尼斯登是"地精和普通市民的家"。显然，他没有意识到在他"刻板印象"外的一位特例——在尼斯登出生长大的莱斯利·霍恩比。你可能更熟悉她的另一个名字：崔姬。

在变成崔姬之前，十六岁的莱斯利·霍恩比确实挺普通的——工作日上学，周末闲暇时在当地的理发店里兼职。1965年时，莱斯利开始与尼吉尔·戴维斯约会。戴维斯喜欢被称呼为贾斯汀·德·维伦纽夫，他的一个朋友在莱斯利——这个5.6英尺高、6.5英石重①、偏爱夸张睫毛的瘦小女孩的身上发现她有成为一名模特的潜力。贾斯汀·德·维伦纽夫抓住了这个机会，把她送到远离尼斯登的梅菲尔区一家名为Leonard's的高级沙龙里。在这里，她得到了一款新发型、一个叫作"崔姬"的新名字、一组由摄影新星巴里·拉特根拍摄的美丽肖像。

. . . . .
① 5.6英尺约等于167.6厘米，6.5英石约等于41.2千克。——译注

名副其实：
一双腿如树枝般纤细的莱斯利·霍恩比（又名崔姬）
是迷你裙的海报女郎

玛丽、莱斯利与芭芭拉

在《每日快报》的时尚编辑发现崔姬在Leonard's沙龙拍摄的那组照片后，到1966年年初时，已涉足模特事业几个月的她在事业上取得了重大突破。2月23日，这位青春少女出现在了报纸上，头条标题是大写的《我称这女孩是1966年度面孔》(I NAME THIS GIRL THE FACE OF '66)。[1]崔姬在报纸刊登的这组照片中穿着抽绳喇叭裤和紧身螺纹毛衣，不过很快，她成了最具1960年代精神的时尚单品——迷你裙的海报女郎。如果说她枝条般的细腿为她赢得了新绰号[1]，它们现在则成了她最独特的卖点——它们赋予崔姬一种内八字的无辜感，这对于"年轻就是最新的硬通货"的时代来说再合适不过。美国版《Vogue》杂志宣称她是"迷你时代的迷你女孩"。

"迷你裙"是根据1960年代另一经典设计"迷你库珀"汽车命名的。到了1966年时，将它穿在身上的年轻女性遍布全世界，不过究竟谁是第一个如此大幅度改变裙摆长度的设计师还存在争议。来自法国的设计师安德烈·库雷热因未来感美学与合成面料的使用而闻名，在1964年的时装系列"太空时代"里，他把一条A字形短裙带到了T台之上。马利特·艾伦是一位来自英国版《Vogue》杂志"Young Idea"栏目的颇有影响力的编辑，他固执地认为伦敦设计师约翰·贝茨才是第一个设计出迷你裙的人。事实上，这种设计早已发展好一段时间了。V&A博物馆指出了两个迷你裙的早期案例：一个是1957年克里斯特巴尔·巴伦夏加设计的麻袋连衣裙，它的裙摆正好落在膝盖处；另外一个则是伊

· · · · ·
① 崔姬（Twiggy）直译即为"细枝条般的"。——译注

夫·圣·罗兰在1959年为克里斯汀·迪奥设计的梯形裙装，该裙裙摆正好悬在膝盖上方一点点的位置。

甚至在这两条裙子诞生之前迷你裙就已经存在了——在街上、在想象里。迷你裙在1940年代晚期的科幻电影和漫画中频繁以戏服的形式出现，随后便出现在校园女孩们的身上。《乌龙女校》系列电影起步于1950年代中期，其中1954年版是当年英国第三受欢迎的电影，片中六个不同类型的女孩都扮成了身着短裙的性感尤物。这种幻想的来源在今天仍是我们熟悉的现实——青春期的女孩们会把校服裙子挽起、露出腿部，当年的崔姬也不例外。2019年时她说："我总是因为把半裙从腰部卷短而惹上麻烦。"

玛丽·奎恩特也做过相同的事。如果说崔姬是迷你裙的模特，库雷热或者贝茨是第一位设计迷你裙的人，那么最常穿着迷你裙、被拍到照片最多的就是奎恩特。顶着维达·沙宣短发的她在引领迷你裙走向公众化的环节中起到了重要作用。在1965年的自传里，这名设计师讲述了她最早是如何在学校里调试裙子长度，让它看起来"更让人激动"。她还改造了制服，做出"我喜欢的那种裙子……特别短、特别时髦的那种"。[2]那是1960年，当时大多数女性还穿着过去年代里的中长裙，二十六岁的奎恩特身着露出膝盖的短裙出现在镜头前。到了1960年代中期，她身体力行地为这件时髦单品背书，甚至1966年去领大英帝国勋章时穿的也是迷你裙。

实际上，这位设计师自1950年代中期起就是一位值得关注的人物。她和丈夫亚历山大·普朗克·格林共同经营的"集市"（Bazaar）开业了，那是一家开设在国王路上，被打造成"衣物与配饰的马赛鱼汤"的精品商店。[3]最初出售的设计款式迎合了邮购订单，店内储备了各类明艳、带图案且舒适的衣物，赢得了众多粉丝，以至于店外总是挤满了人。当时的一位时尚作者如此形容该场面："忽然间有人发明了一种裙装风格，它正是这么多年来我们一直想要的……

它赋予任何穿上它的人一种年轻、冒险、轻快明亮的感觉。"[4]奎恩特在同期也曾写道："年轻人实在是厌倦了和她们的母亲穿得一样。"

当时奎恩特设计的时装定价相对较高——1962年，一件夹克加上一条短裙的售价在32畿尼，约等于今天的175英镑，所以更年轻的女孩们或手头有些紧的消费者会选择另外一家店——Biba。多米尼克·桑德布鲁克在他关于1960年代英国的书籍《白热》（*White Heat*）中形容Biba是"（展现）年轻人购买力的圣地"。[5]Biba由芭芭拉·胡拉妮基和她的丈夫斯蒂芬·菲茨·西蒙在1963年共同创立经营。当时恰逢服装大批量生产的繁荣发展期，所以，他们得以采用V&A博物馆定义的那种"多囤、多销、低价"策略。单品的价格区间都设在"伦敦普通秘书每周可支配收入最大值"之内。从此，迷你裙成了所有人的选项。

奎恩特、胡拉妮基和崔姬在迷你裙的故事里都扮演了至关重要的角色，她们同样也是更宏观的故事——伦敦的"摇摆1960年代"的一部分。当年的迷你裙现象现今沦为陈词滥调，网络图片搜索可能会把《王牌大贱谍》中"时髦宝贝"的形象当作正经的文献图片。尽管如此，这一刻仍是青年文化历史上的一场大地震。

虽然当时在英国社会中，很大一部分人仍受制于1960年代的当权精英体制①——比如1965年温斯顿·丘吉尔去世之际有32万人聚集在街上为他送行，更有2500万观众在电视上收看葬礼，但包括卡纳比街和国王路在内的一些"摇摆伦敦"街区正在成为媒体的焦点。在这里，一群不同的人第一次占据了主导权。"青春，一种曾经需要去忍受的东西，在举国轰动的几年时间内转变为一种有价值的货币形式，"肖恩·利维在他关于"摇摆伦敦"历史的《准备出发》（*Ready, Steady, Go!*）一书中写道，"（它是）时尚和品味的代表，似乎唯一重

· · · · ·
① 1960年代传统的保守政治势力仍在英国占据主流地位，任何不赞成这一当权体制的人都会被归为"局外人"。——译注

要的就只有年龄。"[6]

迷你裙象征着新的、独立的、性解放的年轻女人——她们在新时代里涌现，受到职场新角色和性自由言论的鼓舞，手中有着可自由支配的收入，且恰逢战后经济复苏与避孕药的问世。迷你裙的设计无可避免地与性吸引力联系在一起，因为它解放了女性的双腿。但是对于穿着迷你裙的人来说，它们原则上代表了另外一种东西——独立。就像库雷热说的，迷你裙是为"去逛街购物的、会跑步追赶巴士的女孩们"设计的。[7]

无论它背后的思想究竟是什么，迷你裙的性感注定了它会在两代人之间制造紧张关系。它违背了男性理想中的女性美德——她应该是一个漂亮且顺从、被动的家庭主妇，穿着长及小腿的连衣裙，而现实中的年轻女性们则恰好相反。她们选择穿上能尽情展露身体的衣服，拿回属于她们自己的性掌控权。她们曾经——或者说，曾经是这样被解读的——在邀请男性的目光关注。在街上或者办公室里展示的所有女性身体，使以往可敬的男性们变得不再那么可敬。

1965年，简·诗琳普顿在墨尔本杯①上穿了一条高于膝上5英寸的迷你裙——这符合现代贞洁的标准，但在当时却令她置于媒体的猛烈攻击之下。墨尔本《太阳新闻画报》报道："震惊了有时尚意识的德比日赛马者。"在众多社会的反响中，还有"丢脸""耻辱""她怎么敢？"之类的声音。[8]类似的反应显然渗透到了更多普通女孩的经历里。在口述历史《准备好，女孩们》（*Ready Steady Girls*）中，海伦·巴克斯特回忆起她的青春过往："我记得有一次我从艺术学校里把一个女孩带回家，她穿了一件比当时大多数人着装更大胆的短裙。我父亲警告我，不许再把她带回来。"[9]

不过所有的抵触都是徒劳的。归功于服装业进入大批量生产阶段，1960年

. . . . .
① 墨尔本杯是澳大利亚最主要的年度纯种马赛事，创办于1861年。——译注

值得为之奋斗的事业：
1966年，抗议者们聚集在迪奥工作室外捍卫迷你裙

代的时尚产业开始进入了加速发展时期,"迷你裙热"在其中占据了主导和上风。到了1966年的墨尔本杯时,澳大利亚《世纪报》对与去年相同的事件发表了截然不同的评论:"今年,诗琳普顿小姐可以从人群中悄然无息地穿过了……任何裙摆在膝盖以下的人都看起来非常老掉牙。"同年,一群身着迷你裙的年轻女人在巴黎迪奥工作室外抗议示威。她们似乎是被设计师马克·博昂新系列中迷你裙的缺席给惹恼了,其中一个抗议标语牌上写着"迷你裙万岁"。

尊敬与体面出局,自由当道。1967年12月的《时代》杂志把迷你裙作为象征着一代自由放纵主义新人群的符号刊登在了封面之上,并写道:"热情洋溢、极度自信,新一代的年轻时尚风向标们根本不在乎是否要打扮成优雅女士。"

作为自由旗帜的迷你裙:
1968年纽约激进妇女组织的女权主义成员集会

奎恩特把它视为这个时代的着装代表，后来，她在2012年又说："1960年代的迷你裙是有史以来最自我放纵和乐观的服装设计，'看看我吧，难道生活不美好吗？'它完全代表了1960年代——那个经历了女性解放、避孕药问世和摇滚音乐的年代……它是女性解放运动的开端。"

　　事实上，尽管，又或许是因为迷你裙在吸引男性注意力方面起到的作用，它作为一种服装上的"臂铠"受到了女权运动的欢迎。在一张纽约激进妇女①的绝妙照片中，成员们正在筹划着抗议1968年世界小姐大赛。照片中出现的成员里，有八位身穿迷你裙。迷你裙没有使穿着者丧失大步行走的能力，也同样没有削弱女性暴露腿部带给社会现有礼节的冲击。正如服装史学家詹姆斯·拉威尔在1969所写的那样："短裙是女性解放的一个象征，它们代表了女性摆脱镣铐，跳出了所谓的界限。"[10]

飞来波女郎与哲学家

　　迷你裙将会永远与1960年代联系在一起。但如果再往早先追溯——甚至比1940年代的科幻漫画还要早的话，在新石器时代塞尔维亚的雕塑中就出现了身穿短裙的女性的形象，古埃及文化中也有特定的社会群体身着类似迷你裙的衣物。事实上，在西方历史中，1960年代风格有一个关系更为直接的先例，那也是一段年轻人仿佛撒了野的日子——1920年代。

· · · · ·
① "纽约激进妇女"（New York Radical Women）是1967—1969年间存在的女权组织。——译注

经济学家乔治·泰勒提出过一套"裙摆指数"理论。他认为，经济形势越好，女性穿着的裙子就越短。虽然近年来该理论遭受一些争议，但它适用于我们在此所讨论的年代。与1960年代一样，1920年代裙摆的上调与当时蓬勃上涨的经济势头保持了一致——1920年美国的经济大幅扩张了42%。正因如此，在那个十年里，人们对于裙摆长度的接受程度从脚踝之上提升到了膝盖以下。不过，暴露的大腿仍然只被允许出现在沙滩上，或者只有像约瑟芬·贝克这样的舞者才行。

更短的裙子出现在第一次世界大战期间——人们不得不遵守面料定量供给的规定，实则把时尚更向前推进了一步。1915年，巴黎设计师们设计出了第一款被称作"战时克里诺林裙"①的短款裙装，它能露出穿着者的脚踝。[11]后来在1917年左右，直筒裙诞生了，它更窄、更短，进一步反映出战争时期的物资拮据。[12]

虽然最早起因是布料短缺，短裙在战后仍然流行开来，甚至变得更短。那时，有一代疲惫的年轻人——有时他们也被称作"迷惘的一代"，因为他们经历了无数的创伤。他们想要找些乐子，这取决于这些年轻人身处何方，她可能是一名爵士乐手、一名飞来波女郎，或者是一位"轻狂少年"②。弗朗西斯·斯科特·菲茨杰拉德的妻子塞尔达·菲茨杰拉德就是一名典型的飞来波女郎，她概括出了她们这类人的精髓：活在当下，享受当下。在自传故事《飞来波女郎的悼词》（*Eulogy on the Flapper*）中，塞尔达写道："她意识到她此刻在做的事正是她一直以来想做的。"在大洋的另一边，专栏作家帕特里克·巴尔福把英国的"轻狂少年"们称为"冲动的群体"。更短的裙子搭配上新颖时髦的波波头成了年轻人自发性的新表达，而且恰好，这些都是非常适合跳查尔斯顿

· · · · ·

① 第一次世界大战中，战时克里诺林裙（war crinoline）在1915—1917年流行，这种长及小腿中部的裙装风格被视为实用的（穿着它可以自由走动）和爱国的，因为人们预期穿着得体、打扮得有吸引力的女性可以鼓舞士气。——译注

② "轻狂少年"（Bright Young Thing）是小报媒体们给1920年代英国伦敦波西米亚主义年轻贵族和社交名流们起的绰号。——译注

舞①的打扮。

如此打扮的年轻女郎可以追溯到维多利亚时代。维多利亚时代盛行一种无比拘谨的文化，在当时，连桌腿都需要被遮掩起来，因为它们看起来与人类的腿部太过相似。不难想象，人们认为短裙是年轻女性道德败坏的可耻证据，而且穿着短裙这类行为将会导致社会崩溃瓦解。美国的一些州试图禁止"脚踝上方三英寸的裙子"。1920年《时代》杂志的一名记者甚至还警告不要把投票权交给三十岁以下的女人，因为"衣着暴露、跳着爵士舞的飞来波女郎们，把跳舞、新帽子和开汽车的男人视作比国家命运更重要的东西"。1925年，那不勒斯大主教声称阿马尔菲海岸发生地震的原因是上帝对这些新短裙动了怒。

可能让大主教高兴的是——也像泰勒预言的那样——裙摆高度在股票市场崩盘、经济大萧条开始的1929年又回落了。派对结束了，随后的1930年代属于长长的、戏剧化的裙子。1940年代又被另一场战争的配给制度破坏，部分女性完全放弃了裙装，穿上了更适合工厂的工作服与裤子——那曾经都是只有男人才穿的。不过，随着迪奥"新风貌"②问世，一个新的时代宣告到来。设计师在1954年写道："（我想要）圆肩的衣服，展现出丰满的、女人味十足的胸部和出现在宽大裙摆上方的纤细腰肢。"1950年代见证了迪奥的小腿长度设计成为常态——直到下一个新的十年，奎恩特和她朋友们的出现再次打破了这一切。

到了1960年代末，曾是年轻女性用来把自己与她们母亲从穿着上进行区分的迷你裙，现在也成了母亲们的选择——事实上，它几乎已被所有女性穿上了。与迷你裙完全相反的例子是长裙，那一种裙摆垂到地板的设计，后来被日益扩张的嬉皮士运动推广。持续到1970年代的年轻力量与情绪不再是"向上"

......

① 查尔斯顿舞是美国1920—1930年代流行的一种摇摆舞，以南卡罗来纳州的查尔斯顿市命名。——译注
② "新风貌"（The New Look）是克里斯汀·迪奥在1947年推出的女士服装新款式，它与战时风格迥异，更显简洁、优雅。——译注

的，而是懒散和波西米亚式的。衣服是为了四处闲逛、沉迷酒精或药品时穿的，而不再是为了在时髦的俱乐部里跳上一整夜舞。

如果说1970年代在柔和的焦点和飘逸的层次中远去，伴随着1980年代经济的再次腾飞，时尚又变得锋利起来。正如泰勒预料到的，迷你裙又回归了。这次它带来了更强硬、更性感的态度——想想身着皮裙的蒂娜·特纳、穿着粉色抹胸和超短裙的惠特尼·休斯顿，或者在1988年的电影《上班女郎》中扮演黛丝·麦吉尔的梅兰尼·格里菲斯……迷你裙在1980年代"长大了"。前《Vogue》杂志编辑亚历桑德拉·舒尔曼在她的回忆录中，形容迷你裙是当时职业女性衣橱中的核心单品："我们大步向前，展示着我们的腿——是它带我们前往所有地方。"[13]迷

更短的裙子意味着更多的丑闻：
如同这张照片中显示的，年轻女性照穿不误

性感、强硬、掌管一切：
1980年代穿着迷你裙的蒂娜·特纳

你裙是一种展示匀称腿部线条的方式，但就像适合会议室场景的直筒连衣裙，在今天被用来低调地炫耀瑜伽塑形出来的好身材一样，阿尔法女性们用迷你裙来宣扬她们掌控了一切。那么，1980年代的女性究竟渴望的是什么呢？答案就是黛丝·麦吉尔所说的："一颗商业头脑和一副罪恶之躯。"①

· · · · ·
① 这是黛丝·麦吉尔在《上班女郎》中的著名台词。——译注

"我的角度很讽刺"

詹姆斯·拉威尔在1969年的文章中写道："我们今天所目睹的似乎是一场不可逆转的女性解放浪潮。如果确实如此，我们可以预期它将会对女性穿着产生深远的影响。"[14]如今，你不得不承认拉威尔的观点是对的。1990年代末我成年之际，迷你裙确实已经产生了它的"深远影响"，它成了一种女性日常穿着的衣物款式，你可以今天穿上一条迷你裙，明天上身一件长吊带连衣裙，后天再套上一条李维斯。

但是迷你裙依旧显眼。我记得当年和几个朋友一起凑钱，只为买条三文鱼粉色的闪片迷你裙。与大面积暴露的腿部一同到来的，是一定程度上的反抗与叛逆。也许是因为之前在1980年代发生的某些"迷你裙时刻"，穿上迷你裙代表了你是一个成熟的女人——即使你和当时的我一样明明离成熟还有很远的距离。它意味着镇定、独立且有品味——这正是我当时所渴望拥有的三种品质。穿上迷你裙，让我得以提前体会到成熟的感觉。

我和我的朋友们都是在内陆自由派城市家庭中长大的顺性别年轻女性，我们理所当然地拥有性感或不性感打扮的选择自由。我们为了自己打扮，而不是为了男性凝视的目光——或者理论上来说是这样的。我们的态度反映出迷你裙在流行文化中的地位。《独领风骚》至今都是我最喜爱的电影之一，里面迷人又时髦的女英雄雪儿·霍洛维茨几乎一直穿着超短裙，那是她的时尚宣言，而非诱惑手段。辣妹组合带着迷你裙上了流行榜单，配上"女孩力量"[①]与一点俏皮。该组合经常穿着迷你裙，比如维多利亚·贝克汉姆的小黑裙、爱玛·伯顿的荷叶边吊带裙和杰瑞·哈利维尔后来被卖到41000英镑的超短米字裙。与她们的迷你裙相搭配的可不是意乱情迷的暧昧眼神，而是这样的口号："沉默是金，但是喊出来更有趣。"

1997年全英音乐奖上的杰瑞·哈利维尔：
给迷你裙的故事带来"女孩力量"，还有一闪而过的底裤

同一时期，辣妹组合发布了她们的金曲《Wannabe》。歌词中的"zig-a-zig-ah"①和"mini-with-attitude"②在当时的亚文化穿搭中取得了地位。暴女③借鉴了朋克的传统（朋克之母薇薇安·韦斯特伍德在1985年发明了叫作"Mini-Crini"的迷你蓬蓬裙，裙子上冒出无数的蓬蓬球），她们把迷你裙作为着装风格组成中重要的一部分。当比基尼杀戮和Bratmobile穿着迷你裙和靴子走上舞台后，粉丝制作的同人杂志中充斥了大量他们穿着裙装的身影。紧随趋势的还有投掷带血卫生棉条的美国女子乐队L7，还有音速青年乐队里令人钦佩的金·戈登。后来，又出现了一种叫作"Kinderwhore"④的备受争议的风格。玩具城宝宝乐队和洞穴乐队穿上从旧货店里淘到的衣服，配上扯烂的丝袜和流泪的眼妆，彻底颠覆了荷叶边款小女孩连衣裙的甜美女性气质。洞穴乐队的主唱科特妮·洛芙在1994年告诉《滚石》杂志："我没有搞Kinderwhore那一套，因为我觉得自己够辣了。一开始我那样打扮是因为《兰闺惊变》这部电影……当然，我的角度很讽刺。"

　　《上班女郎》上映不到十年时间，迷你裙就已成了工装衣橱中的一部分。《甜心俏佳人》里的艾莉·麦克比尔是黛丝·麦吉尔的后继者，她和她的律师朋友们都身着迷你裙套装。《老友记》里的瑞秋·格林无论在做侍应生还是在拉夫·劳伦做商品经理的时候都穿着迷你裙。还有在1996年海伦·菲尔丁的畅销书《BJ单身日记》里，我们看到迷你裙成了故事情节的中心——当老板丹尼尔·克利佛注意到女主角布里吉特时，他在当时仍算新颖玩意的即时通信上写道："你看起来像是忘了你的裙子。我想你的雇佣合同里很明确地标明了员工应

• • • • •

① 大意为"扭动身体"。——译注

② 大意为"有态度的迷你裙"。——译注

③ "暴女"（Riot Grrrl）是一种地下朋克女性主义运动，也被描述为一种由独立摇滚衍生出来的以朋克为灵感的音乐风格。——译注

④ "Kinderwhore"由两个词组成，"Kinder"在德语中意为小孩，"whore"在英语中代表妓女。——译注

该始终穿戴整齐。"这并不是剧透警报,我们大多数人都知道这类情节会怎样发展下去。

虽然丹尼尔·克利佛的行为在今天很有可能被当作职场性骚扰,但是科特妮·洛芙的"讽刺角度"在1990年代末期风头真的很大。这大概是因为年轻女性以时尚的名义涉足色情片美学的趋势——那感觉是可以接受的,甚至是种聪明,尤其配上个媚眼的时候。我记得花花公子的兔子在当时是个流行的文身图案,粉色PVC是夜店里最夯的服装,还有摄影师艾伦·冯·安沃斯作品中的S&M图像。迷你裙以主角姿态出现在上述所有事件的正中心,它不但是女权主义者的宣言单品,也在男性幻想中占据了相当重要的地位。帕里斯·希尔顿、妮可·里奇、克里斯蒂娜·阿奎莱拉和布兰妮·斯皮尔斯都穿着刚刚掠过臀部的裙子——有时还会配上紧身胸衣,甚至手拿一条鞭子。如果说迷你裙在1960年代的主要功能是彰显女性的独立,三十年后的年轻女性在热爱这段历史的基础上,更渴望加入性感的元素。假设性别真的平等,那么从性用品商店里直接穿出一套衣服,能被视为一个"酷女孩"会发出的性解放宣言。

2005年,作家艾瑞尔·莱维质疑了这一切。她普及了一个叫作"大女子主义的猪"①的短语,用以形容"性物化其他女人且性物化自己的女人们"。[15]在书中她诘问道:"'放荡'与'解放'不是同义词。这个我们重新建立起的满是胸部和大腿的淫荡世界,恰恰反映出我们已经走了多远,或者说我们还需走多远。"[16]

如暴女所做的那样,把迷你裙作为女权主义宣言的观点至今仍保留着一席之地。卢埃拉·巴特利曾是一名时尚记者,1999年她转行成为设计师,创立了自己的品牌卢埃拉。她的设计有从碰撞乐队到涂鸦风格的一系列参考来源,但裙摆长度几乎永远都是短的。她在2010年出版的《英国风格指南》(*Luella's*

· · · · ·

① 原文为"female chauvinist pigs"。——译注

Guide to English Style）中曾写道："就算设计了一个及膝长的系列，我也会在开秀前一晚把它们全部剪回本应那么短的长度……为女性投票！解放双腿！"[17]各类时尚偶像涌现，比如阿格妮丝·迪恩和爱丽丝·德拉尔等人，她们都穿着迷你裙、街斗靴和破洞渔网袜，身体力行地对此表示着赞同。

长度与宽度

　　在数字化时代，女性掌控着自己的性状态，选择展露自己的身体——就像她们在1960年代穿上迷你裙一样，只不过是进阶到了一个新层次。也许艾米丽·拉塔科夫斯基是一个很好的例子。这位模特兼演员出现在罗宾·西克《模糊界限》的音乐录像中，在里面她身上只穿着内裤。她本人在Instagram上有2700万粉丝。拉塔科夫斯基是一名坚定的女权主义者，被拍到过翻阅莱维的回忆录。对于她来说，女性拥有发布自拍、穿上迷你裙之类的衣物、想性感就性感的自由，这些都是女性赋权成功的证据。在《时尚芭莎》2019年刊登的一篇文章中，她写道："我只是在表达我的观点。女人可以，也应该穿任何她们想穿的，表达任何她们想表达的，无论是一件罩袍还是一件系带比基尼。"她还举例说明："在能感受自我时，我充满了能量。'感受自我'有时代表我穿着一条迷你裙，有时则意味着穿上一件大帽衫和运动裤……因为在那一刻，我就是我。"

　　近来成为形象自爱运动①代表的莉佐是一位少见的大码流行明星，她大概

· · · · ·

① 形象自爱运动（body positivity）提倡人们接受真实身材的自己，自信自爱。——译注

也同意拉塔科夫斯基的观点。她出现在2020年《滚石》杂志的封面上，身上只有精心摆放的用来遮住关键部位的花朵。与前者不同的是，拉塔科夫斯基符合所有传统意义上吸引力的标准，而莉佐则常常因穿着遭受批评。那么她的反应如何呢？莉佐感觉好得不得了。有次穿着露出丁字裤的镂空裙子去篮球比赛现场后，她在Instagram上丝毫没有表示歉意，而且比拉塔科夫斯基更激烈的是——她鼓励粉丝们也采取相同的姿态。莉佐写道："我、我的本质和我作为一名成熟女性选择穿着的衣物，可以启发你做一样的事情。"

即使有莉佐鼓舞士气的发言，也并不是所有的女人都有自信穿上迷你裙。当年华逐渐老去，穿迷你裙是否还是"正确"的选择成为一个问题。据德本汉姆百货公司在2009年做的调查显示，女性认为穿着迷你裙的年龄上限是四十岁。另一项在2016年做的调查则显示，人们普遍认为三十九岁的年龄对于迷你裙来说就已经太老了。我可以证明，任何围绕迷你裙年龄限制的潜台词都是有害的。我倾向于把迷你裙留到节假日等场合里穿，在那里我能感到周遭没有评判的声音。

我很幸运，在我年纪大了以后，中裙又重回时尚领域。它现在是我衣橱里最常见的裙子——我数了数，一共有22款。在这一点上，我并非孤立无援。《卫报》在2013年时引用了ASOS膝上裙200%涨幅的销售数据，介绍它是当年"夏天的黑马"。而到了2018年，颇特女士[1]指出，中裙类商品占据了该零售商销量中最大的份额，"近期看不到趋势有结束的迹象"。中裙甚至有了排队等候名单——比如2011年Whistles的凯莉百褶裙、2015年马莎百货[2]的绒面革中裙和2019年Réalisation Par品牌的娜奥米豹纹吊带裙。感谢中裙的多变和它相对的新颖，社会

. . . . .

[1] 颇特女士（NET-A-PORTER）创立于2000年，总部设立在伦敦，是辐射全球的时尚电商。——译注
[2] 马莎百货（Marks & Spencer）是英国最具代表性的连锁商业之一，同时也是英国最大的服装零售商。——译注

给予了它跨越全年龄段的特权。甚至，伴随着近来"适度时尚"①的兴起，中裙就像曾经的迷你裙一样，遍地都是。

所以在21世纪的今天，穿迷你裙意味着什么？意味着一切，也什么都不意味。迷你裙在今天仍然流行——2019年，ASOS声称迷你裙的相关搜索增加了100%。艳阳天站在一个繁忙街道上，你可能在一个小时之内看到十条迷你裙。迷你裙诞生以来见证的女性权益发展，使西方绝大多数的年轻女性可以毫无顾虑地选择穿上它，就像她们参加投票选举或者去找份工作一样。但是，女性的腿还是暴露了社会中固有的性别歧视。因为就算一位女士没做过多考虑穿上了一条迷你裙，就算她像1960年代女性做到的和莉佐所推荐的那样掌控了自己的性别，男人们还是认为他们有权利去物化在街上穿着迷你裙的女人，每天都是这样。这就是为什么迷你裙永远无法逃离被品头论足的境遇，直至今天也是如此。

在过去的十年间，意大利的斯塔比亚海堡曾试图申请通过迷你裙禁令，类似的禁令竟然在南安普顿郡议会的办公室里成功生效。那座意大利城镇的市长说，该想法是为了"更好地助力公民共存"，呼应上了1920年代"短裙使社会崩溃瓦解"的言论观点。乌干达也威胁宣称要颁布迷你裙禁令。在肯尼亚，恩布市议会在2020年禁止任何迷你裙的出现。还有一位穿着迷你裙的女性因为她的着装在赞比亚出庭受审。总是有这样一种老旧观念："穿着暴露的女人纯粹是自找苦吃。"2013年，哥伦比亚的一个餐厅老板认为一名女性在他餐厅的停车场里被强奸，完全是因为她自己穿了一条迷你裙。2020年时，拉塔科夫斯基指控摄影师约翰森·莱德尔曾在2012年对她实施性骚扰。莱德尔用那套现在已经被听腻了的老借口反驳道："你知道我们现在说的是谁，对吧？这女孩……那时可在罗宾·西克的音乐录像里近乎全裸地跳来跳去。你真的指望谁会相信她是一

······

① 适度时尚（Modest Fashion）是一种倾向于更少暴露身体的风格，多与穿着者的信仰、宗教与个人选择有关。——译注

名受害者吗？"

　　1968年那批女权主义者的女儿们和孙女们，这些新一波的活动家们已经为了女性大游行①而聚集，挤满了伦敦的街道，她们还在网上声讨日常生活中发生的性别歧视。迷你裙再一次成了对抗厌女症的穿戴式标语牌。哥伦比亚发生的事件使波哥大爆发了一场抗议游行，女人们团结起来，纷纷穿上迷你裙，响应了全球范围内正在进行的"荡妇游行运动"②。自2011年起，该运动号召全世界的女人穿上她们最"淫荡"的衣服，为游行聚集起来，抵抗性暴力。正如你能猜到的，迷你裙是该运动的热门服装之选。如今，迷你裙已被女性穿着了超过五十年的时间，它不仅是一个被给予的选择，也同样是一种关于女性自由的表达：穿她们想穿的，无论何时以何种方式，在任何年龄段。这样一想，也许我明天就会穿上一件。

· · · · ·
① 女性大游行（Women's March）是一系列游行示威活动，旨在捍卫女权。——译注
② 荡妇游行运动（SlutWalk）是争取女性人身安全权利的抗议游行运动，在加拿大兴起，很快扩展为国际性的示威游行。——译注

现在如何穿着迷你裙

和玛丽一样，配上靴子

就算在六十年后的今天，迷你裙皇后奎恩特还是所有搭配技巧的来源。奎恩特是这样穿的：迷你裙配上白色及膝靴。这种搭配有点复古回潮的意思，试试不同颜色吧，把1960年代的感觉带到今天。

练习姿势

我们生活在社交媒体的时代。穿着迷你裙时摆的姿势，足以成就或毁掉你的全身搭配——毕竟，如果没有拍上一张自拍，这身衣服就白穿了。从你的迷你裙偶像身上获取灵感吧，无论她是1960年代的崔姬，还是1980年代的蒂娜或者如今的莉佐。

丝袜是你的朋友

随着露出来的腿部越来越多，你可以试着把丝袜融入全身搭配之中。奎恩特就喜爱色彩鲜亮的丝袜，从她1973年的服装选择中可以看到它们的身影。所以，请随意去尝试芥末黄或者比莉·艾利什绿的丝袜吧！它们绝对会点亮平平无奇的冬日。

找到属于你的长度

从千禧年的超短迷你裙到1960年代到大腿中部的设计，迷你裙的长度范围很广。最重要的事情是什么？是找到穿起来让你觉得舒服的那种，这样你才可以和它一起大步向前走。

不同的日子，不同的迷你裙

现在可供选择的迷你裙款式太多了，足够你一年里每天都穿得不重样。A字形的、褶边的、亮色的、黑色的、PVC材质的、丹宁材质的，等等。好好利用迷你裙作为现代服饰经典的好处吧。你的装扮随你所想，和运动鞋、高跟鞋、运动衫或者衬衫搭在一起？由你来决定。

须知事项

● 没有人知道是谁最先设计了迷你裙——可能是安德烈·库雷热、约翰·贝茨或者玛丽·奎恩特。但可以确定的是，是奎恩特让迷你裙流行了起来。她是她自己最好的模特，是1960年代版的维多利亚·贝克汉姆。奎恩特甚至在1966年受领大英帝国勋章时也穿着迷你裙。

● 在迷你裙问世之前就有与它类似的服装，它们出现在古埃及壁画里、科幻作品中和校园女孩们的身上。沿腰把裙子卷得短些可并不是什么新鲜事，1960年代的青春期少女们就已经这么做了，崔姬和奎恩特也是如此。

● 在西方盛行了几个世纪的长裙之后，女性的腿部第一次在1920年代被展露出来。这让维多利亚时代出生成长的老一辈们非常失望。1925年，那不勒斯大主教宣称阿马尔菲海岸发生地震的起因正是源于上帝对短裙的愤怒。

● 经济学家乔治·泰勒提出一种叫作"裙摆指数"的理论——经济繁荣时裙子会变短，反之亦然。目前为止，这套理论是行得通的——迷你裙所主宰的1920年代、1960年代、1980年代和千禧年代早期都是经济蓬勃向上的好时候。

● 迷你裙可能是男性幻想中的东西，但它同样也是女权主义的象征，1960年代女性解放运动的参与者们就纷纷穿上了它。这种象征一直延续到今天——全世界范围内的女性骄傲地穿着迷你裙参加抗议游行、每日忙于自己的事业。

● 它至今仍保有争议。在过去的十年间，穿着迷你裙可能导致一位女性在赞比亚出庭受审、在意大利收到罚单。如果她在南安普顿郡议会工作的话，甚至还可能会被请回家。又是一堆我们应该穿上迷你裙的理由！

采 访

时尚设计师、Biba创始人
芭芭拉·胡拉妮基

断续的WIFI信号、延迟、掉电、机器人声和闪着故障的屏幕——视频通话的机制都是很快就会过时的东西。但是有些人，就算失灵的科技也无法阻碍他们发出耀眼的光芒——芭芭拉·胡拉妮基正是其中一位。

在伦敦灰蒙蒙的午后，八十四岁的Biba创始人胡拉妮基是一剂从我破碎的苹果手机屏幕里投射出来的补药。虽然过去的十二年间胡拉妮基一直居住在迈阿密，但她的全黑衣装、白色波波头和厚边黑框眼镜还是保留了1960年代的伦敦精神——尽管现在这套装扮结合了给人以深刻印象的美黑皮肤。

胡拉妮基出生在波兰，十二岁时搬到了英国。在艺术学校里学习过后，她先是成了一名时尚插画师，再之后成了一名邮购售卖设计师，与她的丈夫斯蒂芬·菲茨·西蒙一起工作。她称呼对方为菲茨。1964年，胡拉妮基的及膝格子连衣裙设计刊登在《每日邮报》上，自此开启了她的名利之旅。她说："我们曾经会去牛津街上收集邮购订单的信件。我坐在车里等，菲茨会拿着袋子走到街角说着：'哎，这里还有两封！'"

同年，夫妇二人创立了Biba。两年之后的1966年，他们抓住了第一个时机得宜的"迷你裙时刻"。胡拉妮基回忆道："当时我们的生产迫在眉睫。我们需要完工一批平纹针织的裙子，而且要在一夜之间就全部晾干。当我看到实物时，我的心沉了下去——它们缩水了。我的眼中噙满泪水，那可是一笔很大的订单啊！但紧接着，当我们把这批缩水的衣服放在商店的地板上之后，它们竟被抢光了。"这位设计师认为，是来Biba购物的年轻女人们创造了一场场的潮流趋势。那时就和现在一样，她们隔着一英里就能嗅到时髦的味道。

周五夜晚音乐秀节目《Ready Steady Go!》的主持人卡茜·麦高恩（Cathy Mc-Gowan）是她那个年代里艾里珊·钟一样的人物。麦高恩就曾是Biba的常客。但就算没有名人的背书，Biba很快也变得流行起来，这要感谢"低价+时尚"的成功公式。Biba的成功丝毫没有受到其偏远店铺位置的负面影响。它开在肯辛顿区，用那时候的行话来讲，肯辛顿是一个远离所有"正在进行时"事件发生的地方。胡拉妮基到现在仍对此感到有些迷惑："我们与卡纳比街毫无关联。我们还是挺自命清高的。我甚至无法相信我们曾经在阿宾顿路上。但是店里总是人满为患，它成了一个目的地。你根本想不到周六时的店里是什么样子，男孩们甚至会为了认识女孩子们特意赶过来。"

"女孩子们"是想拥有新衣橱的年轻女职员。那么胡拉妮基认同迷你裙是新时代女性解放的信号吗？"当然。你可以看到，它同样也是反抗长辈的象征。女孩们离开老家来到伦敦，住在小小的公寓里。她们有工作，都在打字做文员。"此外，Biba的成功也离不开店内提供的全套搭配购买选择，比如和迷你裙一起穿的靴子总是售罄。新货到店的日子里，店外总是会排起长队。胡拉妮基还说道："那个时候性感的象征是腿，而不是如今这些可怕的胸部。如今这样的性感标志就像漫画一样在现实中不着边际。"

胡拉妮基的视频掉线了，所以在我这边只能看到一个她的年轻版头像，加上一枚Biba品牌的标识。当科技不再为我们服务时，有种是时候该离开的感觉。但是胡拉妮基不一样，她好似一切才刚刚开始。采访过程中她还讲述了在芙蓉天使做牛仔裤和她在巴西居住时期的故事，以及相较于前一代人，她对现在年轻人穿着打扮的看法。事实上，胡拉妮基就像迷你裙一样，有着一股坚韧且不可磨灭的力量，她身上留存了那过去曾改变了世界的时代能量。

牛仔裤

THE JEANS

安迪·沃霍尔想去世时也穿着它。乔治·阿玛尼说它是民主的。戴安娜·弗里兰称它是自贡多拉以来最美的东西。[1]每一天，世界上都有一半的人口在穿着它——哪里有人类文明，哪里就有牛仔裤的身影。

我自己有11条牛仔裤，其中有1990年代的漂白款Acne、红色Whistles、靴型款Topshop、高腰紧身裤和两条李维斯501——一条新一些，另外一条是我继母在多年前送给我的。在我所有的牛仔裤中，最后这两条大概是我最喜欢的——不仅仅出于感性的原因，也因为它们可是李维斯。尽管现在的牛仔裤近乎千变万化，有着无尽的款式，但501永远是牛仔裤的开山鼻祖。

在工作中穿着的牛仔裤：
1880年代身穿耐磨长裤的加利福尼亚矿工们，
这些裤子现在仍被称作"齐腰工装裤"

真正的原创

　　李维斯有着典型的美国特色，由移民李维·斯特劳斯创立。他在1846年从巴伐利亚移民至纽约，投靠他两个经营布品生意的同父异母兄弟。淘金热时期，斯特劳斯也向西进军，1853年在西部的旧金山市开始经营自己的布品生意。他几乎什么都卖，从手绢、毯子到"牛仔布制成的裤子"——那是一种工装裤，是现代牛仔裤的前身。[2]

雅各布·戴维斯，或称雅各布·尤夫，是一位来自拉脱维亚的犹太裔裁缝，是他设计了最早的李维斯。1854年来到美国后，戴维斯在1868年定居于内华达州的雷诺，并在那里开了一家裁缝铺。有一天，他接到了一个订单，一个女人想为她做体力活的丈夫订制一条耐穿的裤子，于是戴维斯强化了他的设计，在裤子上加入了原本用于马鞍垫的金属铆钉。正是这些金属铆钉把"牛仔布制成的裤子"带进了全新的领域。口袋是裤子最易磨损破裂的地方，在其四周打上铆钉后，戴维斯的设计足以经受住顾客们每日的重度劳动。戴维斯在意识到这种设计的绝妙后想为它申请一项专利，可惜他缺乏足够的资金。于是，1872年，他写了封信给他的丹宁布供应商李维·斯特劳斯，建议双方可以开展合作。

斯特劳斯一看就知道这是个很好的主意。1873年的5月20日，这个二人组合申请到了139121号专利，如今李维斯官网上是这样描述的："蓝牛仔裤诞生了。"当时的牛仔裤还被称作齐腰工装裤——它们没有现在牛仔裤上的腰带圈，却有着用来固定背带的纽扣。它们当时还只有一个后裤兜，我们今天所熟悉的牛仔裤设计上的第二个后裤兜是在1901年才加上的。不过，当其他时尚单品随着时代发展早已演变得面目全非时，19世纪的牛仔裤直到今天仍几乎保留着原样。

斯特劳斯和戴维斯一开始在集市上出售他们的牛仔裤，目标客户群体是人数不断增长的西海岸劳工、金矿矿工和牛仔。当然也有其他品牌在生产"牛仔布制成的裤子"，不过二人的铆钉设计使自己的产品从竞品中脱颖而出。1890年，斯特劳斯和戴维斯的专利期结束后，他们开始以"501"的噱头营销他们的牛仔裤，以此在愈发拥挤的牛仔裤市场区显出与众不同。二人的主要对手是现已改名为威格的哈德逊百货公司，该品牌1904年创立于北卡罗来纳州；还有来自堪萨斯的Lee的创始人亨利·大卫·李，自1889年起他就经营着成功的百货生意，在1912年后开始涉足包括牛仔裤在内的工装领域。

至此，耐磨的丹宁制品已被工人们穿着几个世纪的时间了。它们最早起源于欧洲，是一种由棉纤维制成的斜纹布，被用一条白色纬线与两条染成蓝色的经线织在一起，白色纬线会收进布料的反面，正面则形成一种独特的对角斜纹图案。1500年左右，法国尼姆生产一种叫作尼姆哔叽布的羊毛棉花混纺。丹宁可能是一种法国产品，也可能来自英国——不过被起了"丹宁"[①]这种听起来更加国际化的名字。在当时还有一种来自意大利热那亚的棉毛混合织物，被英国人称为"jean"，可能是英语中"热那亚"的同音缩减[②]。据《牛津英语词典》考证，"jean"这个单词在1567年就有使用案例。[3]还有1812年的记录显示，拜伦勋爵曾从他的裁缝那里订制过一条"白色牛仔布裤子"。[4]

用来做丹宁布料的棉花背后有着黑暗的历史。1860年，美国共出口了380万包[③]棉花，其中大部分都是由其国内400万奴隶采摘的。所以，最早在斯特劳斯的店铺中出售的丹宁制品很有可能是奴隶劳作的产物。虽然大部分的丹宁制造产业都是在1865年奴隶制被废除后才建立起来，但它还是受益于以奴隶劳动为中心的生产系统，即产业中大多数劳动力还是来自贫穷的少数族裔群体。无论是用来生产丹宁布还是T恤的棉花，在当时都是贫穷的黑人佃农们的劳作产物。1873年到1915年期间，李维斯的丹宁布由位于新罕布什尔州曼彻斯特市的阿莫斯克亚格公司制造。那个年代，阿莫斯克亚格的雇员多数都是从爱尔兰、德国和加拿大过来的白人劳工移民。这些男工、女工，有时甚至还包括童工，正如摄影师路易斯·海因摄于1909年的照片中所记录的一样，愿意为了低薪而艰苦劳作。

· · · · ·

① 丹宁的英文是Denim，与法文中"de Nîmes"（来自尼姆）发音相似。——译注
② 热那亚的英文是"Genoa"，与英文中的"Jean"（牛仔）发音类似。——译注
③ "包"（Bales）是一种计量单位，每包重480磅，约等于212.72千克。——译注

靛蓝，这种由同名植物制成①且与牛仔裤如此紧密相连的颜色，有它自己的背景故事。它在古埃及就曾登场——图坦卡蒙墓中的一件袍子就是由蓝草染制的布料做成。富有的古罗马人愿意花上每日平均工资十五倍的价钱来进口这种染料。[5]后来，白人殖民者艾丽莎·卢卡斯·平克尼把蓝草移植到了美国。平克尼出生在安提瓜，年少时搬到了南卡罗来纳州，在1740年代替她的父亲打理一座种植园。平克尼用父亲给她的一些蓝草种子成功栽培出蓝草，并且通过奴隶劳动大幅度地提高了种植规模。到1754年时，南卡罗来纳州每年都会出口454吨的靛蓝染料。靛蓝与牛仔的搭配变得流行不无道理——它看起来就是一种非常耐用的颜色，而且很容易让棉花上色。19世纪末期，人们发明出了化工合成的靛蓝染料，继而让统一的色彩变得更加触手可及。

新世纪的新牛仔裤

到了1920年代，消费者们开始广泛使用"牛仔裤"这个名字，"牛仔裤"们也出现在了众多劳动者的衣柜当中。[6]当时市场的领头羊是李维斯——1929年，该品牌工装裤的销量占据了整个西海岸所有工装类服饰销量的10%—15%。[7]

"蓝领"一词最早出现在1924年艾奥瓦州的报纸上。《Slate》杂志指出，这是因为公众心目中建立起了劳动工人与蓝色牛仔裤、军装制式的钱布雷衫和

. . . . .

① 靛蓝的英文为"Indigo"，它也有"蓝草"的意思。——译注

穿着长裤：
凯瑟琳·赫本不喜欢被别人左右，
因此她在1930年代穿着牛仔裤

工装背带裤之间的关联。电影中身着牛仔裤的牛仔也频繁出现在观众的视野中。比如1938年的电影《牛仔与贵妇》中穿着翻边牛仔裤的加里·库珀，还有1939年由约翰·福特执导的电影《关山飞渡》中穿着一条李维斯501出演突破性角色的约翰·韦恩。

1930年代是经济大萧条的年代，有接近1500万人口失业。摄影师多萝西·兰格和沃克·埃文斯记录下了当时的场景——很多贫苦的男人和女人虽然还穿着牛仔裤，但是已没有能力再购入新的了。1932年，李维斯牛仔裤的销量仅为1929年的一半。[8]

牛仔裤从实用工装到时尚单品的转变，开始于品牌对中产阶级消费者的讨好。身穿牛仔裤的电影明星们帮上了大忙，还有所有跟牛仔竞技相关的事物——到了1940年，每年会有25000个家庭造访休养牧场，这些西部风格的度假公园给平时被压力侵扰的中产阶级们提供了可以穿上牛仔裤登山、钓鱼和骑马的机会。[9]至此，牛仔裤品牌们重新定位了它们的产品，将其打造成全美国人民的穿衣选择，也是所有美国人的英雄——牛仔的穿衣选择。

随新市场一同到来的是新客户群体：女性们。虽然贫穷的女性可能还会把牛仔裤与苦日子联系在一起，但来自特权阶层的女性已开始视牛仔裤为一种时髦单品，其中就包括玛琳·黛德丽和凯瑟琳·赫本等具备独立意识的电影明星。赫本对牛仔裤的依赖曾在好莱坞激起了众多非议。当时她为雷电华电影公司工作，不过工作期间，她的牛仔裤竟被没收了——大概是因为公司负责人希望她改穿裙子。不过赫本令他们失望了，她穿着她的内裤四处走动，直到牛仔裤"重新出现"。

1934年，李维斯发布了第一款叫作"Lady Levi's"或者"701"的女士牛仔裤。品牌声称，工作女性在当时不得不穿着男款牛仔裤，而"七姐妹学校"①里的学生们则特意穿上破旧的牛仔裤，营造出西蒙·德·波伏娃形容她们的那种"习得的漫不经心"。[10]但是为有尊贵地位的女性制作牛仔裤是饱受争议的，事实上，任何女款裤装都是不寻常的，更别提牛仔裤这种与工人和不墨

······

① 七姐妹学校（Seven Sisters）是形容美国东北部地区七所文理学院间松散关系的一个称呼，因这些学院曾经都是女子学院而得名。——译注

守成规的人——比如凯瑟琳·赫本联系在一起的款式了。李维斯聪明地利用了这一点，他把牛仔裤定位成一种时尚化的选择。1935年的《Vogue》杂志刊登了一则带有俏皮标题的广告："什么！时尚①的工装裤？"

经济大萧条好不容易在1930年代末期进入尾声，美国又在1941年加入了第二次世界大战。到了这个时候，社会对女款牛仔裤又有了不一样的看法——它们现在成了一种实用的、甚至爱国的着装选择。1943年一期《生活》杂志的封面是诺曼·洛克威尔画的铆钉女工（Rosie the Riveter），她身着丹宁背带裤的形象使她成了丹宁的海报女郎。"习得的漫不经心"自此成为新风尚。

无因的反叛，抑或有因

1950年代，毋庸置疑，牛仔裤永远地改变了时尚。历史上第一次，青春期少年被当作孩童和成人之外一个独立的群体，因为牛仔裤成为他们的制服。归功于蓬勃的战后经济，这一代青少年更独立，有着可自由支配的收入、属于自己的摇滚乐和穿着打扮方式。

牛仔裤在1940年代晚期开始变得广泛流行，是美国青少年用来把自己与老一代人区分开的方式。他们与成年人观点相反，不再认为穿衣打扮是一种向外界彰显成功与尊贵的信号，那个时代的牛仔裤可能是人类历史上第一次主动选择"低调随意的打扮"。

牛仔裤与牛仔的关联是其中的关键所在。文化人类学家泰德·波尔海默斯

· · · · ·

① 此处为双关语——Vogue既有"时尚"的意思，也是《Vogue》杂志的名称。——译注

称牛仔是"第一个得到普遍认可的工人阶级英雄"。[11]穿着皱巴巴牛仔裤的现代法外之徒，即"垮掉的一代"，同样在牛仔裤的故事里扮演了关键角色。杰克·凯鲁亚克的畅销小说《在路上》出版于1957年，1969年，威廉·S.巴勒斯曾说道，这本书和他的作者应"对卖出上百万条牛仔裤负责"。

不过，电影明星和音乐人带动的销量更为明显。他们通常把牛仔裤与它的好搭档穿在一起：看看《飞车党》这部电影，还有《无因的反叛》中穿着Lee牛仔裤、白T恤和红色松紧带夹克衫的詹姆斯·迪恩吧。李维斯为1956年的歌舞片《监狱摇滚》发布了黑色的"猫王牛仔裤"。标榜叛逆的海报男孩们像接纳T恤一样接受了牛仔裤，致使学校出于对少年犯罪的考虑也同样禁掉了它们。但这一切却犹如火上浇油，詹姆斯·苏立文在他关于牛仔裤文化历史的书中写道："就像任何改变思想的物质、婚前性行为或禁书一样，恰恰因为被禁，牛仔裤变得越来越让人垂涎。"[12]

随着时间推移，相关争议慢慢褪去，牛仔裤逐渐在家庭各成员中流行起来，尤其是在女性间。李维斯1950年代的广告特别针对家庭主妇群体，打出了"时髦又实用"的广告标语。女性们很快拥有了属于她们自己的电影偶像——玛丽莲·梦露。梦露第一次穿牛仔裤亮相是在1952年的电影《夜间冲突》中，不过她真正的"丹宁时刻"来自1961年的电影《乱点鸳鸯谱》，她在片中穿上了一条李维斯牛仔裤。从此以后，牛仔裤与性之间的关联诞生了。

并非只有美国的年轻人拥抱了牛仔裤。第二次世界大战时期与战后的一段时间里，身处欧洲和日本的美军随身携带着牛仔裤。在当时，所有来自美国的东西都是全球流行文化中"酷"的代名词，所以牛仔裤就这样当仁不让地成了最被渴望的东西，特别是对年轻的工人阶级男性而言。马克·波兰曾是一名现代主义青年——这种英国亚文化后来演变成了摩德文化。波兰曾在伦敦白教堂区的商店里偷过一条李维斯牛仔裤，后来，他在一次采访中说道："得知我们是英

牛仔裤走向政治化:
1970年牛仔裤出现在石墙暴动一周年的纪念游行中

国为数不多的拥有李维斯牛仔裤的人,那种感觉真是太棒了。特别时髦。"

　　牛仔裤在日本也很时髦。日本现在是手工丹宁的大本营,有众多备受追捧的牛仔品牌。在日本,牛仔裤一开始被称为"G-Pans",直至二战后才流行开来。当时市面上流通的牛仔裤多数来源自二手,抑或是美国来的进口货,一条裤子就要花掉普通人半个月的工资。[13]

　　铁幕[①]背后,牛仔裤是违禁品。在民主德国,"铆钉裤"会导致你被从学校遣送回家。李维斯之类的商品会作为"西方"包裹,由"另外一边"的亲人邮寄过来,或者可以从黑市上购买。在1950年代的苏联,西方的牛仔裤是危险的"布尔乔亚"年轻人的代表。

　　尽管如此,到了1960年代,世界大多数地区的年轻人还是穿上了牛仔裤,

· · · · · ·

① "铁幕"(Iron Curtain)一词最早出自英国首相温斯顿·丘吉尔的演讲,用来形容欧洲东西方两个阵营的分裂。——译注

成为"青年动乱"的一部分。它们出现在伍德斯托克的狂欢里、1968年巴黎和布拉格的学生身上、石墙暴动[①]后"性少数群体"（"LGBTQ+"[②]）游行的抗议者的着装当中。市场无比繁荣，在那个十年之间，李维斯的销售额达到了1亿美元，仅1971年就卖出了3.5亿条牛仔裤。[14]

后 视

第一款设计师牛仔裤可以追溯到一个熟悉的名字上，那便是弗雷德·西格尔（Fred Segal），是他后来成立百货公司，在洛杉矶以7.95美元的售价出售低腰牛仔裤。那时用来买裤子的话，这还是很大的一笔钱，况且很多人仍认为它不过是工装而已。[15]1960年代末由埃里奥·菲奥鲁奇引领，欧洲也参与进来。这名设计师通过在波普艺术中加入性感元素，把它转化为时尚。1970年他发布了一款叫作"Buffalo 70s"的牛仔裤，据品牌（菲奥鲁奇创立的芙蓉天使品牌于2017年重新启动）称，这是有史以来第一条紧身牛仔裤。它的灵感来自菲奥鲁奇乘着喷气式飞机到处游玩的富豪生活方式，以及一次去伊维萨岛的旅行。品牌现在的新共有人史蒂芬·沙弗告诉我："菲奥鲁奇看到女孩们在第二天清晨穿着牛仔裤走出夜店，然后步入水中。他心里想：'看看它们浸湿了的样子多美妙啊。'"

· · · · ·

① 石墙暴动（Stonewall Riots）是一连串自发性暴力示威冲突，起因是一天凌晨，警察突检了位于纽约格林威治村的石墙酒吧，后发展为美国乃至全世界范围内同性恋维权历史上的标志性事件。——译注
② "LGBTQ+"是"Lesbian"、"Gay"、"Bisexual"、"Transgender"和"Queer"五个单词与一个加号的缩写，分别对应女同性态、男同性态、双性态、跨性别者和酷儿，"+"代表更多对性身份认同疑惑的群体。——译注

1970年代中期，Buffalo牛仔裤被穿到了远离怀特岛的地方——随着迪斯科热潮来袭，它们的踪影开始现身曼哈顿。高昂的价格与贴身的版型使这些牛仔裤脱离了与工装的联系，加入了舞池的独有魅力。它们甚至流行到Sledge Sister组合在迪斯科经典曲目《He's the Greatest Dancer》中点了菲奥鲁奇的名，还使得其他新兴品牌开始将关注目光投向紧身牛仔裤——特别是那些以女性为目标群体的品牌。1976年，在营销高手华伦·赫希的助力下，名媛葛洛莉娅·范德比尔特创立了自己的同名牛仔裤品牌。受菲奥鲁奇"芙蓉天使"版型的影响，范德比尔特也采用了贴身紧绷的剪裁，但在牛仔裤后袋上缝上了她的大名。消费者可能没有含着金汤匙出生，或像她一样能在快速拨号里将杜鲁门·卡波特①设置为紧急联系人，但这下子她们可以穿上和范德比尔特同款的牛仔裤。这让品牌卖出了成千上万条裤子。

卡尔文·克莱恩（Calvin Klein）虽然没有那么高贵的出身血统，但这个名字也出现在了牛仔裤的背面。1979年，这个纽约品牌已经从女款牛仔裤品类中获取了7000万美元的收益。1980年，牛仔裤的性意味被明确下来，甚至还有些伤风败俗的影射。当年，彼时年仅十五岁的波姬·小丝出现在卡尔文·克莱恩的广告中，旁边还附上了这样一句话："你知道我和我的卡尔文牛仔裤之间有什么吗？什么都没有。"克莱恩后来解释了这句话："牛仔裤就是性。"

女款牛仔裤在这个年代里确实是关乎性的，但相较于其他衣物，它的"性"更多来自穿着者自身的感受。一个女人可以穿着牛仔裤彻夜跳舞而无需担心男人的手把她的裙子撩起来，她可以在遮住身体的同时展示她的身体曲线，她掌控一切——或者至少看起来是这样的。事实上，女性决定穿上牛仔裤同穿上迷你裙的想法一样，也同样被作为对付她们的依据。1998年，意大利最高法院的

......

① 杜鲁门·卡波特（1924—1984），美国小说家、剧作家、演员，代表作是《蒂凡尼的早餐》。——译注

她与她的卡尔文之间空无一物：
年轻的波姬·小丝为丹宁市场带来了性感魅力

裁决推翻了对一起强奸案的定罪，仅仅因为受害者当时穿的是一条牛仔裤。法官辩解说，"受害人"一定是自愿与对方发生性行为的，因为"根据常识和普遍经验，把紧身牛仔裤拽下来可不是什么轻而易举的事情"。与迷你裙的命运相同，牛仔裤也被女权主义者作为一种声援和团结受虐待女性的服装——在法院做出判决后的第二天，国会里的女性就穿着牛仔裤来上班了。自1999年起，每年四月的最后一个星期三被设为丹宁日，旨在为女性能够不受骚扰地穿上牛仔裤争取权利。

牛仔裤包裹下的身体情色主义并不仅仅局限在异性恋的世界中。卡斯特罗克隆风格在1970年代旧金山的卡斯特罗街区盛行，那是一个"LGBTQ+"群体聚集的地方，备受全世界的男同性恋者推崇。时尚历史学家肖恩·科尔曾描述该风格以社会上典型的白人男子气概形象——即男性工人形象塑造而成。崇尚卡斯特罗克隆的人"采纳了他们能找到的最有男性气概的服装单品——工装鞋、紧身李维斯和格子衬衫"。[16]他们还泡在健身房里，练出与服装造型相匹配的健壮身材。

另一种没那么固定的着装风格出现在迪斯科的舞池里。比如The Loft、12 West、Studio 54和Paradise Garage这些以严格的入场规定而闻名的纽约俱乐部，如果能提供给女性相对安全的空间，它们同样也欢迎"LGBTQ+"与有色人种群体。摄影师比尔·伯恩斯坦曾拍摄过这些场景，形容它们是"接纳和包容的天堂"。[17]紧身牛仔裤是民主舞池的坚定拥护者，它们舒适、性感，对于彻夜狂欢的人来说又足够结实，人们可以穿着它彻底地沉醉在音乐当中。

"简单、随性"

　　到了1980年代，牛仔裤随处可见——它们甚至进入了政坛。美国第三十九任总统吉米·卡特曾是一名种花生的农民，1976年，他在竞选总统时穿着牛仔裤好好地玩了一套故作谦虚。牛仔裤可以象征社会地位，关乎性，彰显穿着者归属某一特定社群的身份。在迪斯科的觉醒时分，丹宁的同性恋暗示在布鲁斯·斯普林斯汀身上也并未消失。1984年，斯普林斯汀穿着一条李维斯牛仔

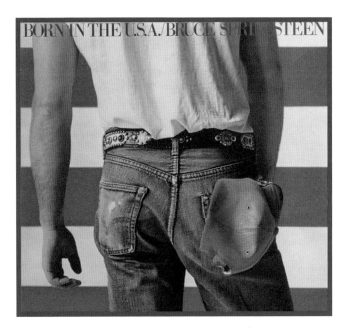

美国男孩：
布鲁斯·斯普林斯汀开拓性的专辑封面
与标志性的李维斯牛仔裤

裤出现在专辑《Bron in the U.S.A.》的封面上，该专辑批判了美国的爱国主义，并探讨了"做个男人"到底意味着什么。1985年，在1950年代风格的自助洗衣店中脱得只剩下四角内裤的尼克·卡门①点燃了501热潮，令其销量激增了800%。不过这种与牛仔裤相关的随意性感氛围很快就与公众情绪形成了鲜明对比，因为就在卡门于屏幕上性感亮相的同一年，洛克·哈德森②死于艾滋病并发症。艾滋病迅速在全球范围内传播，到了1970年代末期，夜店里那些穿着牛仔裤的人意识到自由至上的好日子彻底结束了，对艾滋病的恐惧让派对现场清醒起来。

彼时的时尚世界里，安娜·温图尔在1988年她任期内第一张美国版《Vogue》杂志封面上，让一名模特穿上了牛仔裤和克里斯汀·拉克鲁瓦的夹克。杂志印刷者显然更习惯封面上出现的是舞会礼服，他们特意给温图尔打电话询问在封面照片选择上是不是出了差错。2012年她回顾这张封面时写道："它看起来简单、随性，是在街头上随意抓拍的一个时刻——这就是一切的重点。"确实，牛仔裤现在已经是全世界范围内街上最常见的东西了。看看1989年坐在被拆除的柏林墙上的年轻人吧，他们几乎都穿着牛仔裤。

· · · · ·
① 尼克·卡门（1962—2021），英国歌手、音乐人、模特，除了音乐方面的代表作外，他还以1985年为李维斯拍摄的广告闻名，即文中此处援引的典故。——译注
② 洛克·哈德森（1925—1985），美国演员，在世时是最红的电影明星之一，荧幕生涯超过三十年。——译注

破的、松垮的、有羽毛的

随着涅槃乐队的专辑《Nevermind》发布，垃圾摇滚①在1991年冲击了主流文化。让-保罗·高提耶曾嫌弃它"跟我们穷得一无所有时穿的衣服没什么两样"。涅槃乐队主唱科特·柯本的牛仔裤很显然致敬了他的蓝领成长经历——它们是裂开的、打着补丁的，柯本挑衅般地穿着它们出现在从演出到颁奖仪式等所有场合里。粉丝们复制了这种风格。我记得我穿过一条旧的李维斯牛仔裤，搭上棋格衬衫与马丁靴，这样打扮的频繁程度和我听《Nevermind》的频率是一样高的。

如果说迪斯科见证了有色人种在小众场合里穿上牛仔裤，那么进一步放大了它们流行程度的便是嘻哈。摄影师贾马尔·沙巴兹用镜头记录下了1970年代晚期蓬勃发展的嘻哈现场，照片中的纽约有色人种年轻人身着直筒牛仔裤。随着嘻哈的发展，牛仔裤裤腿的平均周长也在逐渐增加。从1980年代起，裤型剪裁就变松了许多——像史努比狗狗（Snoop Dogg）、武当派（Wu-Tang Clan）和大个小子（Biggie Smalls）等明星都穿上了比自身尺码大上许多的低腰牛仔裤，这是现在被称作低胯裤②风格的开端。有些人说这种风格起源于监狱，因为囚犯不允许系腰带，然后从监狱传播到了外面。其他人则把低胯裤和1940年代的宽版组特服③联系在一起。还有另外一种说法声称，这种超大穿衣风格的设计旨在挑战现状，并从视觉上捕获观众。

· · · · ·

① 垃圾摇滚（Grunge）是一种隶属于另类摇滚的音乐流派与亚文化类别，起源于1980年代中期美国西岸的华盛顿州，特别是西雅图一带。——译注
② 低胯（Saggin）是一种把裤子穿在胯下、露出内裤的穿衣方式。——译注
③ 组特服（Zoot Suits）是1940年代流行的男士套装，它通常颜色鲜明，配有夸张的垫肩、长度及膝的西装外套，以及高腰松垮的长裤。——译注

品牌们开始迎合这个市场。1991年左右，设计师卡尔·卡尼制作出了松垮款牛仔裤，还声称"黑人男性不喜欢修身牛仔裤"。艾普利尔·沃克在同年创立了Walker Wear。包括图派克·夏库尔、大个小子、LL Cool J和Dr.Dre在内的说唱歌手纷纷穿上了卡尼和沃克的牛仔裤。1997年，卡尼的销售额达到了5000万美元。[18]汤米·希尔费格以兜售二手牛仔裤起家，他精明地意识到钱是从XXXL版型里赚出来的。当嘻哈风格传播到了富裕的郊区社群中后，希尔费格相应地改变了其品牌服装的版型。这一转变为品牌带来了巨大的商业成功，1996年，希尔费格品牌成了纽约股票交易所里服装类的第一名。

1990年代晚期同样见证了独立牛仔裤品牌的诞生。我还记得有一次去美国旅行途中买过一条Earl牌的牛仔裤。2001年，《纽约时报》的一篇文章称它们是"时尚人群的首选品牌"——那正是我迫切想加入的群体。第二代设计师牛仔裤也出现了，它们把丹宁带上了走秀T台。1999年，汤姆·福特镶嵌着羽毛的牛仔裤售价3000美元，被格温妮斯·帕特洛、莉儿·金和麦当娜订购，而且当时穿着牛仔裤也可以去走红毯了。2001年是关键的一年，发生过许多高光时刻：斯特拉·麦卡特尼穿着牛仔裤参加了《名利场》的奥斯卡派对，贾斯汀·汀布莱克和布兰妮·斯皮尔斯穿着情侣丹宁装出席了全美音乐奖颁奖典礼，还有天命真女组合——她们穿着配套的低腰裤与露脐上衣亮相MTV活动的现场。

千禧年里，低腰裤成了女性穿搭中的常见衣物，最后它低到仅仅卡在耻骨上方一点的位置。应该避免穿它吗？低腰牛仔裤的腰线会勒出所谓的"马芬圈"，即像马芬蛋糕一样的腰间赘肉。感谢潮人们，女性又多了一个可供嘲笑的身体部位。

低:
2001年，天命真女组合穿着千禧年代的时髦牛仔裤，
露出必要的小腹部分

永不结束的潮流

　　随着牛仔裤腰线变低，腿部剪裁也逐渐开始收紧，最终演变成我们今天熟悉的紧身牛仔裤。紧身牛仔裤如今已成为一种标准，不过实际上，它在很久以前就存在了——李维斯1960年代的弹力牛仔裤、像芙蓉天使Buffalos这样的迪斯科牛仔裤，还有诸如雷蒙斯之类的朋克乐队穿的烟管裤。大概是纽约一家叫Trash and Vaudeville①的朋克商店在1970年代晚期普及了紧身牛仔裤，或者也可以追溯至1996年电影《猜火车》的戏服设计师蕾切尔·弗莱明。在片中扮演土豆的艾文·布莱纳说："（弗莱明）几乎为男性发明了紧身牛仔裤。她会拿来女款牛仔裤，然后重新缝合它们。或者把男款牛仔裤剪开，再重新缝上。整场潮流全靠她！"

　　2000年代的鼓击乐队受到了雷蒙斯乐队启发，相应的，这个纽约乐队和他们对紧身破旧牛仔裤的选择影响了整整一代人。其他独立风格的背书也发挥了作用：看看穿着灰色紧身牛仔裤的凯特·摩丝和她当时的男友皮特·多赫提，还有浪子乐队的成员、Yeah Yeah Yeahs乐队、街趴乐队、剃刀光芒乐队里穿着白色牛仔裤的约翰尼·巴内尔。值得一提的是时任迪奥·桀骜的设计师艾迪·斯理曼，是他把紧身牛仔裤和乐队男孩们带到了秀台之上。2005年，Topshop发布了紧身低腰款"Baxter"牛仔裤，在开售后的九个月时间内，每周都能卖出18000条。流行达到这种程度也意味着它们很快就失去了独特先锋性：政客、家长、小宝宝——每个人、任何人都开始穿上了紧身牛仔裤。2013年，

······

① Trash and Vaudeville意为"垃圾与歌舞杂耍表演"。这家店自1975年起就开设在纽约的曼哈顿区，是纽约重要的亚文化时尚地标。——译注

《卫报》刊登了一篇题为《紧身牛仔裤：拒绝落幕的时尚潮流》的文章。到了2016年，《Vogue》杂志宣布"紧身牛仔裤进入终结倒计时"。但它们并没有消失。2020年，这种风格在女装丹宁市场仍贡献出38%的份额。

如果说2000年代的主流叙事是属于紧身牛仔裤的，那么争议主体就落在美国身着低胯裤的年轻有色人种身上——因为他们的裤子穿得实在是太低了，低到内裤里的臀部完全可见。2007年时《纽约时报》就曾写道："组特服之后，再没有哪种风格遭受过如此强烈的反对。"就如牛仔裤在1950年代被当作犯罪行为的象征一样，这次，低胯裤带来的后果可比单纯被学校请回家要严重得多。路易斯安那州的一个城市制定了法律，规定低胯穿着牛仔裤可能会导致穿着者被判处6个月的有期徒刑。其他州紧随其后。直到2019年，一名叫安东尼·查尔兹的黑人男子被警察追捕且遭枪击致死，起因当然是因为他当时穿着松垮的低胯裤。在这之后，路易斯安那州的什里夫波特才废除了这条法律。类似的肖像刻画行为同样发生在柏林。在那里，Picaldi牌牛仔裤在年轻的工人阶级之间盛行，被妖魔化为闲散危险青年的象征。[19]因其无处不在的普及程度，牛仔裤对于许多人来说都是安全着装之选，但这一点并非适用于所有人。某些风格，被某些人穿着，仍会被视作威胁。

涟漪效应

在牛仔裤被送至消费者手中之前，它们就已经在生产工人身上与地球环境上留下了印记——而且通常是远离牛仔裤流行的地方。就像T恤一样，生产牛仔裤所需的棉花也使用了大量的水与农药。[20]曾让斯特劳斯和戴维斯感到无比自豪的铆钉在如今令牛仔裤无法被回收，致使中国的珠江生态系统因牛仔裤生产遭受严重污染。[21]一些国家至今仍会雇用童工采摘棉花来生产我们穿的牛仔裤。[22]孟加拉牛仔裤工厂里的工人通常每个月只能赚到38美元，还不到该国最低生活工资的一半。[23]还有很多土耳其的工人，因为仿旧磨损效果的喷砂工艺而患上呼吸系统疾病。[24]2018年，全球奴隶制指数（Global Slavery Index）报告把服装归为第二大使用奴隶劳动的制造品类别，特别是在把产品出口到G20国家的非洲与亚洲国家里。如果说每一天，世界上都有一半的人穿着牛仔裤，那么很有可能的实际情况是——在世界上的某个地方，正有人为了生产牛仔裤而受苦。

尽管事实如此可怖，人们还是保留着对牛仔裤的渴求。2018年，牛仔裤全球范围内市场估值约为662亿美元。即使在2020年新冠疫情期间，居家工作使运动裤成了裤装的新热门选择，牛仔裤的市场估值缩减，李维斯在第二季度销量跌落了62%，牛仔裤也还是我们日常着装中的核心构成部分。社会与时尚都会影响到趋势的潮起潮落，日益增强的环境意识意味着MUD和ELV这类有着可持续发展理念的牛仔裤品牌在发展成长。同时，李维斯与丹宁眼泪①的特雷梅因·艾莫里的2020年联名款通过服装讲述了棉花和美国南方黑人女性的历史，就像艾莫里的两位祖母所经历过的。从版型上来说，男友牛仔裤、妈妈牛仔裤、爸爸牛仔裤和微喇牛仔裤都可能会淘汰紧身牛仔裤。《每日邮报》最近还报道了令人不安的消息，说是低腰牛仔裤正在回潮。对于丹宁狂热粉丝而言，日本的布边款牛仔裤大概就是圣杯。布边牛仔裤采用老式织机编织技术、专业工匠手艺、自然染料和原色丹宁，所以一条这样的牛仔裤能卖到2000美元。爱

· · · · ·

① 丹宁眼泪（Denim Tears），美国服饰品牌，以服装为载体表达着黑人的意识和观点。——译注

好者们甚至会把裤脚翻起来，只为看到布边的"赤耳"①——那是一种使用老式织机工艺的象征，他们每年只洗一次裤子。

当然，我们中的大多数人不会带着这般敬意对待牛仔裤。它是我们不知道穿什么好时的选择，我们穿着牛仔裤去约会、工作、居家办公、跑腿、泡夜店——它可以出现在任何场合。我们理所当然地穿着牛仔裤，或许我们不应如此。当我们下次穿上牛仔裤时，也许应该像泰德·波尔海默斯曾说的那样："提醒自己，它们曾多么具有革命性。"25

. . . . .
① 赤耳是一种牛仔裤的锁边工艺，在裤管缝合线两侧各有一条红色的走线。——译注

现在如何穿着牛仔裤

复古起来

穿旧牛仔裤不仅能为保护环境做出你的一份贡献，也能获得最真实的"做旧"效果，会让你在穿衣打扮时获得不一样的满足感。

经典款依旧是最棒的

确实，大多数品牌都生产牛仔裤。但说真的，没有什么比追求原汁原味的品牌——李维斯、Lee和威格更好的了。如果你仔细听，还能听到这些有着西部牛仔文化背景的牛仔裤为你传来远处山脉的低语。

找到你的参考

现在有很多可供参考的穿搭案例，比如震惊了1930年代好莱坞的凯瑟琳·赫本、《无因的反叛》中的詹姆斯·迪恩和2001年左右的碧昂丝。参考他们，可以帮助你了解自己究竟想购入什么类型的牛仔裤。喜欢他们的风格？很有可能你也同样喜欢他们的牛仔裤。

大量试穿

是的，坏消息。但是在绝望地试穿了大概72条牛仔裤后，你最终会发现真正适合自己的那一条。这是唯一一种让你知道你是适合穿靴型、直筒或是紧身牛仔裤（是的，它们仍然存在）的办法。

去日本

日本是愿望清单上的新面孔。丹宁爱好者们纷纷涌入小岛（Kojima），那里有一条"牛仔裤街"（实际上是四条街），大概有40家出售牛仔裤的商店。踏上去日本的旅程吧，然后带走能让最挑剔的人也刮目相看的牛仔裤。

须知事项

- 1873年5月20日，牛仔裤踏上了走进你衣柜的旅程——李维斯·斯特劳斯和雅各布·戴维斯的铆钉款工装裤在这一天被授予了139121号专利。这种裤子在当时也被称为"齐腰工装裤"，它们迅速被矿工、农民和更多手工业者穿上。

- 丹宁的历史可以追溯到更早先的法国、意大利和英国。"牛仔"（Jean）一词来自意大利，大概是一位英国人从"热那亚"（Genoa）的读音缩略得来。现在普遍认为丹宁这种布料是由法国或者英国制造的。

- 我们今天穿上牛仔裤的关键原因来自牛仔——他们带来了原汁原味的西部风格。约翰·韦恩、加里·库珀和其他人穿着牛仔裤在牧场里驰骋，启发了詹姆斯·迪恩和马龙·白兰度加入这股潮流之中。因为电影，1950年代的青少年把牛仔裤当作他们"无因反叛"的象征。

- 牛仔裤在1970年代成为性吸引力的代表——无论是在Studio 54的舞池还是在旧金山的卡斯特罗街区。卡尔文·克莱恩本人曾说"牛仔裤就是性"。

- 紧身牛仔裤仍是我们现在这个时代的主流。它的时尚度在2000年代早期陡然上升，直至二十年后的今天也未减退，是有史以来最持久的牛仔裤版型潮流。不过男友牛仔裤、妈妈牛仔裤、爸爸牛仔裤和微喇牛仔裤如今都在威胁着它的地位。

采 访

驻李维斯的历史学家
翠西·帕尼克

　　翠西·帕尼克被指派为李维斯正式的驻品牌的历史学家后，认识了一位叫作芭芭拉·亨特·凯朋的女人。凯朋已年过八旬，她有些非常有趣的东西要展示给帕尼克——那是一条1880年代的李维斯501款式牛仔裤。"她曾居住在洛杉矶地区。那时她和朋友们都还是青少年，在一个矿井内发现了成堆的牛仔裤，"帕尼克解释道，"她从中拽出一条，发现内袋里有两匹马的商标，她意识到它们是李维斯的牛仔裤。"

　　早在1940年代，芭芭拉·亨特·凯朋就穿着牛仔裤去上高中。那时还鲜有女人穿裤子，更别提穿的是牛仔裤了。帕尼克说："这在当时是非常罕见的，她领先于她的时代。"

　　帕尼克有着梦幻般的职业头衔，但她保持了节制和低调，有点像学校里的图书管理员，微微眨着眼睛，静静地塞来一本改变你人生的书。

　　这只是她手头的众多故事之一，她还有很多箱子，里面装满了几乎可以追溯至1873年公司创立之初的李维斯老产品。另外一个故事详细地讲述了一条历经一百年时光的牛仔裤的发现经过，虽然已经破碎不堪，但这条来自加拿大克朗代克地区的李维斯501款的低配——201牛仔裤仍保留了辨识度。该地区也曾有过淘金热的历史，所以当时它的所有者很有可能是一位矿工。帕尼克还介绍了一个关于穿着裤子的叛逆女性的故事："维奥拉·贝德福特是加利福尼亚中部的一名老师，她在1930年代购买了一条李维斯，还穿到了大学里。我们认为她拥有的那条牛仔裤就是后来Lady Levi's的原型。那真是一个非常棒的发现，我们不仅了解了那条裤子，还听到了关于维奥拉的故事。"

帕尼克说，广泛的语境让牛仔裤的故事更具启发性："你可以从蓝色牛仔裤的历史和它在不同时期的穿着方式中看到很多趋势与文化潮流。"李维斯是现存最古老的牛仔裤品牌，所以它记录下了更宏观的历史时刻，比如移民迁徙（牛仔裤后袋中两匹马的标识就是为了让不会说英语的人也能识别品牌）、女性运动（参见1934年女款牛仔裤的问世）、第二次世界大战（美军带着牛仔裤漂洋过海）和青少年群体的崛起。"就在这个时代里，当《飞车党》之类的电影上映后，学校禁止学生穿着蓝色牛仔裤。所以，学生们最想穿的是什么呢？正是他们不被允许穿的。"

在问帕尼克她为什么觉得牛仔裤会持续地在青年文化与边缘人群——比如摇滚客、摩德族和"LGBTQ+"社群中占据一席之地时，她梳理出了几点原因："牛仔裤绝对是一块用来自我表达的空白画布，而且它的起源带来了更多的吸引力。它一开始是工装，然后演变成了一种你想拥有、想以此去融入各类不同群体的衣物。"她例举了1960年代盛行的拼布——嬉皮士们会在他们的牛仔裤上绣上和平标志。还有手帕准则，那是一种在1970年代和1980年代同性恋男人群体间流行的趋势，他们会把彩色手帕放在牛仔裤后袋里，借此标明他们的性取向。

虽然帕尼克的专长是研究过去，但她并不认为牛仔裤的未来会发生太大变化。"我喜欢伊夫·圣·罗兰说过的一句话，他说他希望发明了蓝色牛仔裤的人是他自己，因为它拥有了一切他热爱的特质——表现力、谦逊、性吸引力和简洁，"她说道，"这是永不过时的服装，会世代相传。"

平底芭蕾舞鞋

THE BALLET FLAT

我接触芭蕾的时间算晚的。在六岁时，一般这个年纪的小女孩都会迷上芭蕾舞裙和芭蕾舞丝袜，而我却无动于衷，妈妈给我报的舞蹈班也很快被我放弃了。等到了十二岁，当其他同龄人的兴趣点都转向了亦敌亦友的青春期友谊和校园暗恋时，我却爱上了芭蕾，而且是深深爱上。

每个星期四我都会去当地图书馆的地下室，在那里，可怜的玛利亚——我的芭蕾老师，会徒劳地试图让我做出一个成功的芭蕾下蹲，就更别提成功地做出旋转动作了。尽管明显欠缺这方面的天赋，我还是搜索了如何报考皇家芭蕾舞学院，读了一切我能找到的关于玛戈特·芳婷①的东西、让我的姐妹们坐下来完整地观看本地团队出演的《吉赛尔》②。而且我对芭蕾的迷恋确实很老套——我总是不知疲倦地幻想着穿上一双淡粉色的、在脚踝上缠绕丝带的缎面芭蕾舞鞋，做出踮起脚尖的舞蹈动作。

. . . . .
① 玛戈特·芳婷女爵士（1919—1991）是英国著名的芭蕾舞者。——译注
②《吉赛尔》是浪漫主义芭蕾舞剧的代表作，该剧于1841年在法国巴黎首演。——译注

充满优雅

　　让十二岁的我倍感失望的是，我从未成功地足尖站立过，更别提成为首席芭蕾舞者了。这让我觉得自己就是个属于"大多数"的普通女人。真正的芭蕾舞者宛如我们文化中的独角兽，她们仿佛是出现在音乐盒中的梦幻女人，让所有人惊叹并隔着远远的距离仰望。虽然我们中的大多数人永远不会成为一名芭蕾舞者，但我们还是会穿上她们的鞋子，或者至少是芭蕾舞鞋的衍生版本。在那间图书馆的地下室里，我穿的是芭蕾软鞋，这种浅粉色的平底皮革制品，前端有一个蝴蝶结。广义上来讲，芭蕾软鞋是可以在通勤者手提包最下层出现的，是梅拉尼娅·特朗普和艾里珊·钟都会选择的，也是婚礼小花童脚上会出现的鞋款原型。平底芭蕾鞋是万能鞋，它们中漂亮至极的是高跟鞋的优雅替代品，最差情况则沦为平庸的鞋履选择。平底芭蕾舞鞋与芭蕾舞者间的联盟，使它经久不衰。

学习舞步

　　芭蕾可以追溯至16世纪的意大利，这个词的词根来自意大利语"ballare"，直译是"去跳舞"的意思。那个时代的时髦代表凯瑟琳·美第奇在1533年嫁给未来的法国国王亨利二世时，一同给法国带去了一种新的舞蹈形式。最初，这种舞蹈需要表演者穿戴着华丽而沉重的服饰、头饰和高跟礼服鞋，所以它由缓慢的礼仪式动作组成。

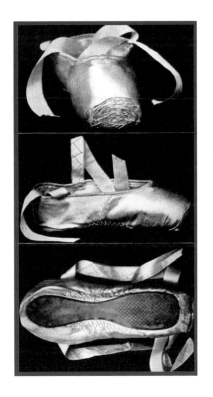

如天鹅所穿：
安娜·巴甫洛娃的芭蕾舞鞋，配有足尖加强和踝部缎带

　　贵族们在宫廷里表演这种早期的芭蕾舞。路易十四格外喜欢它，甚至他的绰号"太阳王"就来源于他十五岁时扮演了芭蕾舞中太阳神阿波罗的角色。时间来到了1680年代，受训练的专业舞者们开始在剧院中表演，芭蕾舞就此不再局限于宫廷之中。自1681年起，女舞者们开始扮演女性角色，但她们还是会穿着带高跟的舞鞋。

　　玛丽·卡马戈改变了这一切。她在1726年皇家歌剧院（今巴黎歌剧院）的首次亮相中不但表演了曾由男性舞者负责的部分，还调整了她的着装以便活动。卡马戈把裙摆提高到了小腿的长度，里面穿上了一种合身的衬裤——一种现代舞者所穿紧身裤的18世纪先驱版。最重要的是，她从舞鞋上移除掉了高跟，穿着一种类似如今芭蕾软鞋的舞鞋跳舞。法国舞者们大概有着令人难以置信的痛感阈值，她们能穿着这种鞋子表演足尖站立，要知道1860年时的芭蕾舞鞋几乎只在脚趾处做了缝补的加强。

卡马戈的名字如今在舞蹈圈外鲜为人知，但安娜·巴甫洛娃则不同。1905年第一次演出《天鹅之死》后，安娜·巴甫洛娃在接下来一百多年的时间里成了芭蕾舞者的代名词。她也同样在芭蕾舞鞋的故事中扮演了重要角色。长了一双高脚弓的巴甫洛娃不但加强了鞋子的足尖部分，还在鞋中添加了皮革制的鞋底夹层，引领了现代足尖鞋的设计，其他舞者紧随其后。我们今天熟知的足尖鞋是1920年代由伦敦的Freed of London和纽约的卡培娇发展出来的，它们由一层层的布料粘贴在一起，在足尖部分形成一个硬块。

在巴甫洛娃的年代里，舞蹈和时尚风格开始发生关联。她在谢尔盖·达基列夫的俄罗斯芭蕾舞团①里演出，穿着由可可·香奈儿和索尼娅·德劳内设计的舞蹈服。1920年，《Vogue》杂志有一期的封面绘图是两位正在足尖直立的芭蕾舞者。到了1930年代，芭蕾舞热来袭，这种舞蹈风格成了时尚杂志的灵感来源。1935年的一期《Vogue》杂志形容芭蕾舞"拥有美丽和强烈的浪漫，任何其他舞蹈形式都无法超越它，因为它能够同时且同等地刺激观感与听觉"。[1]第二年，诺埃尔·斯特雷特菲尔的小说《芭蕾舞鞋》（*Ballet Shoes*）出版，随后成为梦想拥有芭蕾舞裙和芭蕾舞丝袜的小孩子们的必读书籍。

在1940年代，芭蕾风格与芭蕾舞鞋从只会出现在舞台场景上的装扮，延伸成为所有女性都可以选择穿着的款式。这一切的开端都可以追溯到富有创新精

· · · · ·

① 俄罗斯芭蕾舞团（Ballets Russes）由谢尔盖·达基列夫于1909年创立，是世界六大顶级芭蕾舞团之一。——译注

神的前舞者、极具影响力的杂志编辑戴安娜·弗里兰身上。关于"新",她可有诀窍。1941年7月份的《时尚芭莎》是由弗里兰负责编辑的,她推荐读者可以把黑色的舞蹈软鞋当作日常上街穿着的款式。文中说道:"现在,是时候系紧我们的脚踝了,新的芭蕾舞鞋可以在白天或夜晚的任何时间里穿着。"[2]弗里兰自己就是模特——她穿着黑色舞蹈软鞋,搭配上白色衬衫和夸张大胆的珠宝。直言不讳的设计师瓦伦蒂娜曾经也是一名舞者,她给包括凯瑟琳·赫本在内的明星们设计造型。同一年里,她也被拍到过穿着黑色舞蹈软鞋的照片。

芭蕾舞鞋的新风尚与第二次世界大战有关。1943年的美国受到鞋子配给制度的影响,而且当时皮革的使用也被限制,但是芭蕾舞鞋幸免于配给限令。克莱尔·麦卡德尔是第一批和运动服装打交道的美国创新设计师之一,她与卡培娇合作,自1887年起专为舞者生产鞋子。也许是受弗里兰鼓舞,这名设计师在1944年的作品系列中让模特们穿上了平底芭蕾舞鞋,并声称是她创造了这个潮流。都市女性对它的接纳程度让麦卡德尔都为之感到震惊。在一本1970年代的时尚选集中,《生活》杂志的编辑引用了她说的一句话:"我原本设想它所出现的场景是家中或者乡村俱乐部中,而不是地铁里。"

随着"功能性"成为新一代"女性为女性设计"的流行词,平底芭蕾舞鞋为美国这个时期的时尚做出了贡献。时装技术学院的博物馆副馆长帕特丽夏·米尔斯在2019年的展览《芭蕾舞者:时尚的现代缪斯》的图册中写道:"感谢中世纪女性时装设计师的创意输出和芭蕾舞者们的影响,一个独特的美国式设计风格出现了。"[3]当然了,这种影响同样提供了另外一种棱镜,时尚可以透过它折射出对瘦削白人女性的偶像化崇拜——看看儿童音乐盒里旋转着的芭蕾舞伶吧。

到了1944年,《Vogue》杂志认为"平底芭蕾舞鞋的天赋不应局限在舞台之上"。[4]随后,1949年的杂志封面上就出现了卡培娇的平底芭蕾舞鞋。与迷你裙

平底芭蕾舞鞋1949年出现在《Vogue》杂志的封面上：
预测了一个时代的时尚

那样处于性别政治中心位置不同的是，芭蕾舞鞋本身并非女权主义的象征，而是柔和地认可了女性生活在战后的改变。它们带有一种摩登的感觉，因为它们允许穿着者拥有更加活跃的生活方式，但它们也保留了时代所要求的漂亮外观——在那个年代的社会里，女性仍然是被观看的对象。

视芭蕾舞者为完美女性形象的观点对此有所助力，而且还随着时间进一步发展。编舞家乔治·巴兰钦说："芭蕾就是女人。"接下来的叙述中会详细展开——如果说高跟鞋把女性物化成了性物品，那么平底芭蕾舞鞋则顺应了另外一种女性"应有状态"的观念，即优雅、漂亮和苗条。许多1950年代的电影明星们之前都曾是舞者，比如奥黛丽·赫本、莱丝莉·卡隆、赛德·查里斯和年轻的碧姬·芭铎。无论是闲暇时间出现在毕加索工作室里的芭铎，还是1953年《罗马假日》电影场景中的赫本，芭蕾舞鞋都是她们着装风格中的一部分。

几家舞鞋公司早已开始出售这种设计，除了纽约的卡培娇和伦敦的Freed of London之外，还有巴黎的丽派朵，其中丽派朵大概是平底芭蕾舞鞋现今的代表品牌。品牌创始人罗思·丽派朵采纳了她编舞师儿子的建议，在巴黎歌剧院旁开设了一家专为舞者出售舞鞋的精品商店。1956年，他们接受彼时只有二十二岁的芭铎的委任，制作出了"Cendrillon"①。同年芭铎在电影《上帝创造女人》中穿了圆头的Cendrillon，这双平底芭蕾舞鞋成了她风骚性感的女孩子气的衬托。

近年来，芭铎更为人熟知的是她的冒犯言论，以及关于种族、宗教和性方面的反对观点。因为煽动种族仇恨和为极右翼政客玛丽娜·勒庞背书，她在法国的法庭上被处过五次罚金。但时尚界并没有把这些事记录在案，芭铎还没有被"取缔"，报纸、杂志和社交媒体上还展示着她年轻貌美时的照片。Insta-

· · · · ·
① 丽派朵的Cendrillon鞋款名称来自法语，是"辛德瑞拉""灰姑娘"的意思，等同于英语中的"Cinderella"。——译注

gram上的芭铎粉丝账号@brigittebardotbb粉丝数超过11万。从露肩上衣到发型，她的名字还是被联系到一切与时尚相关的事物上。现在看来，她的所作所为与年轻人价值观念之间的隔断可能是惊人的。但不可否认的是，"芭铎影响"确实为平底芭蕾舞鞋增添了魅力。

她想动起来：
莱丝莉·卡隆在1951年展示她的芭蕾把杆动作
—— 一个小女孩的梦想照进了现实

1950年代，你可以在许多地方发现平底芭蕾舞鞋的踪迹，比如巴黎左岸、歌手兼"衣服架子"弗朗索瓦兹·哈迪身上、伦敦咖啡馆里、"垮掉的一代"①现场中。"垮掉的一代"几乎总是把平底芭蕾舞鞋与黑色衣服穿在一起，以此凸显出她们与1950年代主流粉彩柔和的审美风格的不同。代表诗人黛安娜·迪·普里玛就拥抱了这种风格。1951年，她还在大学里读书，她的长发和芭蕾舞软鞋使她从其他穿着运动汗衫的女孩子们中脱颖而出，因为她"打扮成人们在这个校园里从未见过的样子"。[5]这种风格同样也是一种属于艺术家的标志。李·克拉斯纳和乔治亚·欧姬芙穿着平底芭蕾舞鞋，搭配上溅满颜料的衬衫与抽象的思维概念。"白T恤女人"简·伯金则给了平底芭蕾舞鞋一种"周六刚从床上爬起来"的漫不经心——这种打扮直至今日仍在Instagram和汤博乐②上被热烈讨论分析。

适合公主

到了1980年代，舞蹈服不但在 些红极一时的电影（比如《名扬四海》《闪电舞》《浑身是劲》）中享受到了高光时刻，它们也同样作为迪斯科的元素出现在了舞池里。打着"Danskins③，不仅仅是为了跳舞"口号的紧身衣公司发展了起来，到1978年时，该品牌每年可以赚得9000万美元。[6]《名扬四海》和简·方

· · · · ·

① "垮掉的一代"是二战后美国的一群作家开启的文学运动，意在探索和影响二战后的美国文化与政治。——译注
② 汤博乐（Tumblr）是一个2007年创立的轻博客社交平台。——译注
③ Danskins 1882年创立于纽约，专售舞蹈服饰。——译注

达对它的销量起到了大作用——配上暖腿袜套，它成为美国中产们锻炼健身的时髦象征，你也可以把它理解为"运动休闲"风格的原型，所有人都渴望拥有像赛马一样健美的体魄。

平底芭蕾舞鞋的轨迹则多少有些不同。它们现在被黛安娜·迪·普里玛最不喜欢的那一类女人穿着——至少在欧洲的情况是这样的，她们就是布尔乔亚女性。1984年，在卡尔·拉格斐成为香奈儿品牌创意总监仅仅一年之后，他复活了可可女士的一款芭蕾舞鞋设计——这是拉格斐对热门流行趋势拥有敏锐眼光的早期案例。芭蕾舞鞋至今仍是巴黎人的英雄单品，伊娜·德拉弗拉桑热等时尚偶像们把它与绗缝手提包、粗花呢夹克和海魂衫搭在一起。在2014年出版的书籍《做优雅的巴黎女人》中，平底芭蕾舞鞋就出现在了必备品清单里。

客观地说，这种时髦趋势在1980年代并没有传播到海峡的另一边。在英国，平底芭蕾舞鞋是"斯隆"们的专属保留。作家彼得·约克和安·巴尔在《哈珀斯和女王》①中命名了这个新的群体——一群来自上层社会、聚集在伦敦斯隆广场附近的年轻人。1976年《纽约时报》的一篇文章报道了她们，称她们穿的平底鞋是"英国仿制的法式经典外观"。平底芭蕾舞鞋、软垫头带、荷叶边领口、长裙子和蓬松的发型，在SW1邮编区②和乡村建筑群中间形成了一个有点邋遢的风格。拉格斐可能已经设想到，在这里，芭蕾舞鞋不是为有可自由支配收入的年轻职业女性设计的，它们是这群人童年的往日重现。上流社会的年轻女人们很有可能在儿时就参加了舞蹈班（亚历桑德拉·舒尔曼在她的回忆录里就曾谈及这一点），穿上芭蕾舞鞋迎合了她们对校园时光的斯隆式怀旧情结。

最"斯隆"的人便是戴安娜王妃了，是她把平底芭蕾舞鞋和高贵女孩形象

· · · · ·

① 《哈珀斯和女王》（*Harpers & Queens*）是创立于英国的时尚杂志，现已更名为《时尚芭莎》（*Harpers' Bazzare*）。——译注
② SW1是伦敦的邮政编码，对应高级的富人区。——译注

在公众心目中紧紧地结合在了一起。1981年，戴安娜在与查尔斯订婚后大受欢迎，她的照片常常出现在各媒体中。在一场无需穿着舞会礼服裙的皇家订婚仪式上，她作为一个年轻母亲穿了一双平底芭蕾舞鞋，配的是——对的，配的是荷叶边领衣服和蓬松的发型。在戴安娜的一生中，这一直是她打扮的风格。French Sole曾是她偏爱的牌子，1993年她就购买了12双该品牌的鞋。

戴安娜风格在近年来变得更加时髦。2014年，希拉·海蒂在她的《穿衣服的女人》（*Women in Clothes*）一书中，曾提及时尚作家塞萨莉·拉弗斯的一个项目——拉弗斯会在一年中的每个月里都把自己打扮成不同的角色。其中，三月份的扮演角色是"垃圾摇滚音乐现场的戴安娜王妃"——这是一种融合了黑色小帽、长百褶裙和平底芭蕾舞鞋的风格。[7]2020年，《王冠》第四季上映后，公众对戴安娜时装风格的兴趣再次被点燃。剧中的她只有十九岁，穿着厚实的开衫、背带裤和平底芭蕾舞鞋。

走向大众

艾米·怀恩豪斯是公众眼中另一位被狗仔困扰的女人。即使她的审美实在是标新立异，但她同戴安娜王妃一样热爱着平底芭蕾舞鞋。怀恩豪斯在2007年夏天的壮举似乎给小报提供了无穷无尽的故事。这位歌手当时有一个热门专辑的巡演计划、日益增长的违禁药物与酒精依赖问题，以及和前摄影助理布莱克·菲尔德·西沃的新婚姻。8月24日是一个星期五，当天的《每日邮报》刊登了这对夫妇的一张照片——二人在桑德森酒店打了一架后浑身是血、布满

外出走动:
2007年艾米·怀恩豪斯穿着她标志性的Freed of London芭蕾舞鞋
和另外一件标志性单品——紧身牛仔裤

淤青地出现在镜头前。怀恩豪斯的所有风格标志都错了位——眼线晕到了脸颊上、蜂巢发型乱七八糟、紧身牛仔裤被扯破且变了形、桃粉色的芭蕾舞鞋溅上了血迹。

怀恩豪斯深知风格的力量，芭蕾舞鞋正是其中一部分。这位歌手总是做出极端的选择，对鞋履亦是如此——她脚上的是来自Freed of London的真正的芭蕾舞鞋，是她在西尔维亚青年戏剧学校上学时所穿的那种。它们本是为舞蹈排练室准备的，穿到伦敦街头后"保质期"自然就缩短了。2016年，怀恩豪斯的前造型师娜奥米·帕里说，她们两个会"成筐成筐"地购买芭蕾舞鞋："我记得发灰的芭蕾舞鞋在她衣橱最下面堆成了小山……我们曾称呼那里为芭蕾舞鞋的墓地。"

虽然怀恩豪斯的蜂巢发型和眼线是独一无二的，但她并不是唯一在2000年代对芭蕾舞鞋表示热爱的人，只不过其他人都已经开始追求更结实耐用的款式。芭蕾舞鞋的复兴始于2000年左右，当时的设计师们重新设计了它，川久保玲和三宅一生等品牌纷纷与丽派朵展开合作，发布了不同版本的Cendrillon。西耶娜·米勒穿上了平底芭蕾舞鞋，年轻的凯拉·奈特莉也是如此。平底芭蕾舞鞋成了狗仔们的新心头好，不过也正是狗仔们确保了年轻女性把它当作年代制服的一部分——同紧身牛仔裤、西装外套和看起来像刚睡醒的发型搭在一起。

凯特·摩丝在2003年左右穿上了Cendrillon。今天说摩丝是时尚偶像就如同说天是蓝色的一样，是纯粹的事实。可以说2000年代是她巩固时尚地位的十年，在1990年代早期成为模特后，当时的摩丝作为青少年还算有着不错的风格。她穿过细吊带裙、阿迪达斯的Gazelles①、有点怪的牛仔裤，顶着一头干枯毛躁的头发。随着新十年的到来，摩丝成长为一名二十多岁的职业女性——

· · · · ·
① 阿迪达斯的经典休闲鞋，该款型暂无官方正式中文译名。——译注

个成熟的人。就像人们喜欢把穿着打扮与年龄匹配起来一样，她的每日衣橱也演变成了以下的构成部分：牛仔裤、背心马甲、丝质围巾和平底芭蕾舞鞋。当摩丝要求自己打扮得更像1950年代的芭铎，或者说至少看起来更法式的时候，她把芭蕾舞鞋从斯隆式的陈词滥调里解救出来，将它们从时尚的荒野带了回来。我在1990年代时从不会梦想穿上一双平底芭蕾舞鞋，但自从摩丝穿过后，它们似乎又变得新鲜起来。平底芭蕾舞鞋再一次像1940年代一样，是一种时髦的打扮，有着低调的女人味，而且从不会令人担心用力过猛。

新的数字场域，还有比如创刊于2005年的《红秀》这类每周发行的杂志，让我们得以在2000年代更多看到下班后的摩丝。我们可以学习她的每日穿搭，然后完整地照搬到自己身上。我记得我把平底芭蕾舞鞋与从Topshop买来的Baxter牛仔裤穿在一起，还配上了同样修身的紧款T恤——那感觉就像自己已经加入了凯特·摩丝俱乐部，浑身散发出毫不费力的酷劲儿。对这位女英雄的崇拜很快就一目了然，Topshop在2007年发布的摩丝系列为该品牌的利润增加了十个百分点。

摩丝对平底芭蕾舞鞋的销量也贡献了卓越的影响。2012年，该鞋款在马莎百货公司的销售额提升了76%，约翰·路易斯百货公司[1]的增幅则更为惊人地达到了129%。对此，《卫报》宣称"真是受够了"。芭蕾舞鞋的绝佳实用性——曾有摩丝背书、现为成千上万女性领会——至此褪去了光环。五十年时光过去，它从艺术格调沦落到了大众平常。

这转变中有来自精英主义者的暗示。时尚圈内人士不喜欢普通民众穿着一种曾与皇室风格——比如奥黛丽·赫本，或者真正的皇室成员——戴安娜联系在一起的鞋子。"我记得有一次走进一家商店，平生第一次见到芭蕾舞鞋像一包

． ． ． ． ．
① 约翰·路易斯百货公司（John Lewis）是一家英国连锁的高端百货商店，创立于1864年。——译注

包的口香糖一样被堆在货架上，"时尚编辑梅拉妮·里奇在《卫报》的一篇文章里写道，"我发现它们成了一种实穿工具，而不再是时尚。"平底芭蕾舞鞋现在成了奥普拉·温弗瑞的美国中产观众们的保守之选——这位电视主持人曾在她2011年的节目里推荐过Tieks牌可折叠平底芭蕾舞鞋。

摩丝的追随者们转向了新偶像——彼时赛琳品牌的设计师菲比·费罗。2010年，她穿着阿迪达斯的Stan Smith[1]在时装秀的结尾鞠躬谢幕，运动鞋迅速成了时尚认可的平底鞋新款式。曾经它们只会被穿去锻炼场合或者旅游，但如今，随着着装规则放开，在越来越多的行业里，运动鞋从年轻员工的选择发展成为办公室的标准鞋款。仅2015年一年时间里，阿迪达斯就卖出了800万双Stan Smith。到了2018年，萨曼莎·卡梅伦[2]的前时尚顾问伊莎贝拉·斯皮尔曼说，现在"不但可以穿着运动鞋去办公室上班，也可以在办公室里穿运动鞋了"。

新鞋子

即使现在的年轻女性更倾向于中裙和耐克Air Max、妈妈款牛仔裤和巴黎世家Triple S这样的搭配组合（是耐克还是巴黎世家，根据预算而定），平底芭蕾舞鞋离"消失不见"依旧有着遥远的距离，它仍是适合所有女性在所有场合里的实穿鞋款。2017年，随着一次智能手机的系统更新，平底芭蕾舞鞋在我

· · · · ·

[1] Stan Smith是阿迪达斯的经典鞋款，是品牌第一款用皮革与橡胶制成的网球鞋。最初叫Adidas Robert Haillet，以法国网球运动员罗伯特·海尔莱特（Robert Haillet）命名，1978年更名为Adidas Stan Smith，以美国网球运动员斯坦·史密斯（Stan Smith）命名。——译注

[2] 萨曼莎·卡梅伦（1971—）是英国著名的商业女性，她的丈夫戴维·卡梅伦曾于2010年—2016年出任英国首相。——译注

们当今世界里的位置被确立了下来。公共关系专家弗洛里·哈钦森被emoji①中女性鞋子的默认选项被红色细高跟鞋代表惹恼了，继而，一场emoji届的平底鞋运动开始了。"我们需要大多数女人都能够认同的emoji，"她提名了平底芭蕾舞鞋，并对《旧金山纪事报》说道，"而且我们需要一个不性化女性形象的emoji。"她的要求达成了，一双蓝色平底芭蕾舞鞋的emoji现在就在你的键盘输入法里。

哈钦森住在加利福尼亚州的帕洛阿托，该地区有众多科技公司，这就解释了为什么她选择平底芭蕾舞鞋作为她的平底鞋预设项。在科技行业里工作的女性们接纳了Rothy's、Everlane和Allbird等品牌的21世纪编织版本平底芭蕾舞鞋。尽管它们离"酷"非常远，但这些品牌有着狂热的粉丝群体。希拉里·乔治-帕金在Vox②中写道："新品发布带来的热度不亚于椰子鞋（Yeezy）③，除了炒作狂之外，在办公室工作的女性是购买主力军，她们想要的只是些能通勤时穿的可爱平底鞋。"据Rothy's估计，2019年它们共售出了两万双。

哈钦森在她的emoji提案中写道，之所以会选择平底芭蕾舞鞋，是因为最初它们是为全性别设计的，如今更成了"常年可穿的、民主的、包容的、无性别年龄歧视的"款式。但如果仅看高跟鞋与平底芭蕾舞鞋之间的二元分化——高跟鞋物化穿着者、平底鞋为穿着者赋权，就会误解当今这种基于鞋履的性别政治中的细微差异。一位评论家这样说道："平底芭蕾舞鞋的emoji和高跟鞋的emoji一样掺杂着杂质。"在1940年代，平底芭蕾舞鞋可能没有明确地性化女性，但它确实符合了女性气质的固有标准，即精致、漂亮、优雅。如今距离它变时髦已过去了七十年的时间，但就算在今天，它在为穿着者带来舒适的同

......

① emoji通常被译为"表情符号""绘文字"等。——译注
② Vox是美国欧克斯传媒旗下的新闻评论网站，创立于2014年。——译注
③ Yeezy是阿迪达斯与美国说唱歌手、设计师坎耶·韦斯特联名出品的鞋款，一经推出就大受市场欢迎。——译注

时，也使穿着者保持在性别的分界线里。

直到最近，平底芭蕾舞鞋与中性感强烈的厚重运动鞋相比还是一个非常保守的选择。它被不想让别人挑起眉毛的女性穿着——它是皮帕·米德尔顿①而不是《杀死伊芙》中的薇拉内尔的选择，更是霍莉·威洛比②而不是蕾哈娜的选择。平底芭蕾舞鞋还带着些无辜与天真，正是安娜·德尔维所渴望拥有的。这位自2013年起欺骗了整个纽约的诈骗犯，在2019年的庭审中听从律师建议穿上了平底芭蕾舞鞋，而没有选择更具魅力与世故气息的细高跟鞋。

2019年年末emoji的再一次更新暴露出的性别刻板印象并不是唯一存在的问题。除了平底芭蕾舞鞋，这一版的emoji里还新添了足尖鞋的小图案。它们与我十二岁时梦中渴望拥有、在网络图片搜索引擎中输入"足尖鞋"会跳转出来的图片一样——是桃粉色的。桃粉色的本意是让鞋子与舞者的腿部肤色相融，这样当舞者踮起足尖时，皮肤与鞋子可以形成视觉上的错觉。当然，不是所有女性的皮肤都是桃粉色的，这种颜色上的假设透露出芭蕾世界中的许多隐秘。像本章中阐述的一样，从弗里兰到赫本再到摩丝，平底芭蕾舞鞋的偶像们离"多元化"的定义确实差得很远。孩子们八音盒中的芭蕾舞伶是沉默的，但她仍能发出声音——理想的代表依旧是穿着芭蕾舞蓬蓬裙与足尖鞋的纤细白人女性。

在芭蕾舞的世界中这一切终于开始改变，更多有色人种舞者开始涌现，还出现了米斯蒂·科普兰和弗朗西斯卡·海沃德等芭蕾明星。但是直到最近，她们的芭蕾舞鞋还都是桃粉色的，意味着像科普兰和海沃德这样的女性需要在演出开始前用粉条给鞋子涂色，这个费力的过程在芭蕾舞圈子里叫作"摊煎饼"。2019年，Freed of London和专注于非裔与亚裔舞者的Ballet Black③开展合作，生

· · · · ·
① 皮帕·米德尔顿（1983—）是英国社交名流，也是凯特王妃的妹妹。——译注
② 霍莉·威洛比（1981—）是英国电视主持人、模特。——译注
③ Ballet Black由卡萨·潘乔2001年组建于英国。——译注

产适合各种肤色的鞋子和丝袜。"对芭蕾世界来说，走进店里看到与自己肤色相适的鞋子真的是很大的改变，"Ballet Black总监卡萨·潘乔告诉《卫报》，并补充道，"我接收到的反馈是，人们感到被足够理解。"这个问题在舞蹈之外的高街依然存在——像马莎百货公司之类的零售商把浅粉色平底芭蕾舞鞋当作"裸色"来卖。

她们自己的鞋：
Ballet Black的舞者茜拉·鲁滨逊、市川纱耶香
和玛丽·阿斯特丽德·门斯展示适合不同肤色的芭蕾舞鞋

芭蕾舞课

平底芭蕾舞鞋显著落后于当今愈加政治化的时代背景，这就是为何它的回归让人震惊——如我们所见，它们难以说是女权主义物品，但又确实再一次地时髦了起来。2000年代中期把摩丝的平底鞋推广成大众之选的那一批出版物，在2019年时宣告了它们未曾被预料的回归。《红秀》杂志中写道："平底芭蕾舞鞋又回来了，不，我们并没有开玩笑。"《Vogue》杂志也说："二十种重新考虑平底芭蕾舞鞋的理由。" 平底芭蕾舞鞋，就像《天鹅湖》中进行到第三十二圈高速旋转的芭蕾舞者一样，迸发着持久力。

平底芭蕾舞鞋不但出现在秀场上——比如2017年的莫莉·哥达德、香奈儿和2019年的迪奥，它们也被穿到了网红们的脚上。今天的网红就像2003年时的凯特·摩丝，Man Repeller①博客创始人莉安德拉·梅丁在2019年2月份穿了一双曼苏丽尔平底芭蕾舞鞋后，此鞋随即便售罄。另一位网红艾丽卡·戴维斯的选择是一双35英镑的马莎百货公司款式，它也同样旋即售罄。艾里珊·钟在自己的网飞节目《时尚的未来》中穿了一双闪亮亮的平底芭蕾舞鞋，阿德娃·阿波阿则是香奈儿风格的粉丝。形象自爱运动的线上群体也加入了舞蹈风潮——要知道，舞蹈曾是瘦子们的专属。利兹·何维尔是一位在Instagram走红的青少年，现有超过20万名关注者，她就曾在2019年的欧洲歌唱大赛上跳过舞。

与平底芭蕾舞鞋一同回归的还有芭蕾舞课，它们是为成年人设计的新健身方式——无论她们是否有儿时的训练基础。2014年，我也重新学起了芭蕾——或者说，至少尝试了一下。一开始我去的是英国芭蕾学校的成人班，现在我更

· · · · ·
① Man Repeller大意为"男人驱逐器"，据梅丁解释，相比于男人，好的时尚才会让女性产生愉悦感。——译注

频繁参加的是我健身房里开设的芭蕾把杆①健身班。班上的女性们会沿着教室四周排好队，表演一些难以辨认的、至少我们希望可以被称作是芭蕾的动作。在这里，我是流行趋势的一部分——是前法国版《Vogue》杂志编辑卡琳·洛菲德和诸如模特吉吉·哈迪德都参与进来的趋势。正如我们所讨论的，时尚界人士被芭蕾吸引完全不足为奇——整体上来说，两个行业都一样崇尚苗条的女性身体。

作家贾·托伦迪诺在她的《魔术镜》（*Trick Mirror*）中坦白地写道，她常会花上40美元上一节芭蕾把杆健身课。这些课让她感到值得，因为它们为她带来了目标与热望：一个健美的、有运动气息的、充满活力的、苗条的芭蕾身材。"理论上来说，芭蕾对于该运动而言是必不可少的，"在书中她补充说，"即使它只是一种名义上来源于芭蕾的健身方式，但它也可以产生微妙的效果——在普通女性追求理想身形的过程当中，赋予她们一种严肃且艺术的专业目的。"[8]我经常锻炼，但是只有芭蕾把杆健身能带给我自律的优雅感，它点亮我的心情——大概因为它能让我感觉自己有一点点更像芭蕾舞者。锻炼的目的反而不是重点。

托伦迪诺称芭蕾把杆健身潮出现在2010年，时至今日，女性们在健身房里做芭蕾舞的屈膝动作已有超过十年的时间了。平底芭蕾舞鞋的回归是它的连带效应，它们让女性"变得更像芭蕾舞者"的方法从锻炼拓展至衣橱。如果像巴兰钦说的——"芭蕾就是女人"，那么芭蕾舞同样也是幻想，而且是很强烈的幻想。我，以及我芭蕾健身课上的所有其他女性，大概永远不会达到专业芭蕾舞者所拥有的那种优雅与力量间的完美平衡。但当我们每一次在芭蕾把杆健身课上排好队，当我们每一次穿上平底芭蕾舞鞋时，我们心中一些无限微小的部分会被唤醒，开始幻想自己正像巴甫洛娃一样做着趾间旋转。

· · · · ·
① 芭蕾把杆（Barre）是一种结合了芭蕾和普拉提的新形态运动，近年来愈加流行。——译注

回归：
沉寂多年后，平底芭蕾舞鞋重新回到了时尚人士，
比如模特阿德娃·阿波阿的脚上

现在如何穿着芭蕾舞鞋

参考李·克拉斯纳和奥黛丽·赫本而不是凯特·摩丝

对不起摩丝，但是你的时代离我们太近了。去参考时髦的克拉斯纳的艺术范儿吧——她把平底芭蕾舞鞋和卷边牛仔裤穿在一起。或者可以学习赫本，平底芭蕾舞鞋搭上吸烟裤与POLO领衫。浓重的眼线可以免了。

做笔投资

丽派朵的Cendrillon并不便宜，但它很经典。这款鞋有无数的变种与颜色，它就是芭蕾舞鞋中的"蓝血"。它比低配模仿品穿起来更舒服、耐久。

对紧身牛仔裤说不

将芭蕾舞鞋2.0和紧身牛仔裤搭在一起可不是好主意。阿德娃·阿波阿和布列塔妮·巴斯盖特把芭蕾舞鞋与夸张的花边、紧身的中裙和慵懒的丹宁穿在一起，搭配出来的效果简直不要更摩登。

白衬衫+平底芭蕾舞鞋=被低估的组合

把你白得发光、剪裁利落且有质感的衬衫拿出来吧。像戴安娜·弗里兰一样，把它们与平底芭蕾舞鞋搭在一起。比例上的小把戏赋予这种搭配以我们都渴望拥有，但周一早上又没时间打造的优雅感。

降低"舞蹈感"

披在身上的开衫、丸子头、芭蕾舞裙和丝袜——这是一定要避免的。虽然芭蕾鞋源于舞蹈，但是太过于直白的舞蹈打扮一点也帮不上你的忙。你不是，也永远不会是玛戈特·芳婷。

须知事项

● 归功于玛丽·卡马戈，芭蕾软鞋最早出现在18世纪舞者的脚上。1726年，卡马戈在巴黎歌剧院第一次出演了男性舞者的舞蹈部分。她不但将裙摆的长度提到了小腿，还去掉了先前女舞者所穿舞鞋的高跟。

● 1940年代，平底芭蕾舞鞋从舞蹈工作室里走到了大街小巷，成为新一代职业女性的新选择。它们第一次出现在戴安娜·弗里兰的《时尚芭莎》中，后来被设计师克莱尔·麦卡德尔采纳，穿到了1944年时装秀的模特们身上。就算麦卡德尔本人也惊讶于它们的流行程度，后来她曾说："我原本设想它所出现的场景是家中或者乡村俱乐部中，而不是地铁里。"

● 在英国，一开始是披头族和波西米亚主义者接纳了平底芭蕾舞鞋，到了1980年代，它成了英国资产阶级"斯隆"小姐们的单品。戴安娜王妃巩固了大众认知中平底芭蕾舞鞋和高贵女孩们之间的关联。从1980年代开始，戴安娜对芭蕾舞鞋的热爱持续至她1997年离世。

● 2003年左右，凯特·摩丝把丽派朵的Cendrillon鞋款和紧身牛仔裤搭配在一起，自此"复活"了平底芭蕾舞鞋。这种打扮与1940年代的平底芭蕾舞鞋理念相同，把舒适度与女性气质结合在了一起。成千上万的年轻女性追随了这个潮流。

● 平底芭蕾舞鞋现已成为最随处可见的鞋型。2017年起，它又以emoji的形象出现在人们的生活当中。很多人把它当作运动鞋的漂亮替代品，它又变得时髦起来，出现在迪奥、香奈儿和更多品牌的秀台之上。

采 访

丽派朵首席执行官
让-马克·高切尔

让-马克·高切尔穿着一件条纹开领衬衫，坐在挂着水晶灯的房间里。对于1947年创立于巴黎的舞鞋公司丽派朵的首席执行官来说，这种法式精致非常合宜。年轻的演员碧姬·芭铎曾要求品牌创始人罗思·丽派朵为她打造一双可以上街穿的芭蕾舞鞋——就是如今大名鼎鼎的Cendrillon。这款鞋与碧姬·芭铎本人一样，是全世界范围内法式风格的象征。

因为芭铎近年关于伊斯兰、种族主义和同性恋的仇恨言论，高切尔对于品牌与这位演员间的关联感到不安。"我在二十一年前买下了这间公司，期间我们从未使用过芭铎的名字，"他说道，"在法国，年轻的芭铎是个传说。但现在的芭铎表达出来的观点并不代表丽派朵的价值观念。"

那么对比之下，舞蹈对于品牌来说有多重要呢？高切尔回答："它是所有的一切。与舞蹈相关联的价值有女性气质、优美、雅致、动势、自由和专注。如果你看二十二岁至二十八岁的年龄组——当一个女人来到她人生的这个阶段时，所有这些词汇都与她们相符。"他说甚至消费者变老后，这些价值观念仍保持了诱惑力。他把我当作例子，微笑着指出："也许你今年超过二十八岁了，但是在你的脑海里，你并不是现在的年龄，你还留在生命当中的那个时期。"

高切尔说平底芭蕾舞鞋的热潮出现在2005年至2014年之间："后来，又轮到运动鞋了。"但他发现了一批新群体，即刚刚或是正要成年的新一代年轻女性。"当她还是青少年时，她不会想和她的妈妈穿一样的鞋，也就是运动鞋，"他说道，"等她成长为一名年轻女性后，她会比十五岁时想要展现出更多的女性气质。"

在平底芭蕾舞鞋的市场里，Cendrillon是鉴赏家们的选择，价格昂贵，一双价格大约在180英镑。这款鞋的设计以能露出脚趾缝隙的低前缘剪裁而闻名——显然这是芭铎要求的，因为"这看起来更性感，她在这个年纪想要变得更性感"，当然这样设计也有出于舒适度的考虑。它的舒适得益于品牌为舞者制鞋的背景。"当芭铎请求丽派朵女士为她制鞋时，丽派朵女士并不知道如何制作能上街穿的鞋，因为他们之前只做舞鞋，"高切尔说，"我们采用舞鞋的制作工艺生产出了第一双平底芭蕾舞鞋。直到今天，我们仍沿用这种工艺。"事实上，这个品牌已经设立了传授制鞋技艺的特殊学校，现有380名毕业生。品牌位于法国多尔多涅省的工厂每天能生产2600双鞋子。

在我问他将如何继续保持平底芭蕾舞鞋与丽派朵品牌间关联的时候，高切尔，这个喜欢比喻的男人，给出了有趣的回答："举个例子，如果你同一个人一起生活了四十年，每天都是一样的，几年后你就会对这个情况感到有点厌倦。如果对方不再能为你提供新想法和新事物，总有一天你们之间的关系就会结束。品牌也是一样的。我们要时刻为消费者提供惊喜。"高切尔又给出了另外一个例子，就在接受采访当天的下午，他刚开完一个讨论使用纯素皮革生产鞋子的会议。无需伤害动物就能做出来的平底芭蕾舞鞋，而且穿起来同样优雅舒适，这听起来是为许多当代辛德瑞拉们打造的鞋子。

帽 衫
THE HOODIE

　　他喜欢甜甜圈，喜欢女孩，喜欢《星期五》这部电影。他有一个成为飞行员的梦想，在学校里惹过一堆麻烦，还做过小孩子临时保姆这样奇怪的工作。他喜欢亚利桑那牌的西瓜果汁，喜欢他的继母。他不喜欢他的老师们，也不喜欢打架。他期待着毕业舞会。他喜欢音乐，比如图派克和DMX。他也喜欢帽衫——这个名叫特雷沃恩·马丁的男孩喜欢帽衫。他的阿姨说："就算外面有100摄氏度，他也总是穿着他的帽衫。"

　　2012年2月，十七岁的马丁被乔治·齐默尔曼开枪射杀。齐默尔曼是当地迈阿密邻里守望组织①的志愿者，他以为马丁是名入侵者。实际上，马丁当时只是在造访他父亲未婚妻的房子。在齐默尔曼打给911的报警电话记录中，这名中年男性形容马丁是个穿着"一件深色帽衫，好像是一件灰色帽衫"的青少年。

· · · · ·
① 邻里守望组织（Neighborhood Watch）是美国警察与公民共同保护当地治安的计划，这样可以更有效地避免和预防违法犯罪的发生。——译注

"他会永远穿着他的帽衫"：
抗议者们在2012年特雷沃恩·马丁去世后的一场集会中
举起他的照片

不同的世界，
不同的帽衫？

马丁穿着他最爱的衣服死去——被齐默尔曼射杀前，马丁刚从商店买了些彩虹糖和亚利桑那牌西瓜果汁，正在回去的路上。

马丁去世一个月后，这些东西成了由该事件引发的美国抗议活动"百万帽衫游行"①中的图腾。游行者们带上印有这些零食的鲜艳品牌标识的标语牌，纷纷穿上帽衫作为对马丁的致敬，走上街头抗议这个手无寸铁的黑人男孩被枪杀。社交媒体上的活动家们也发布了他们身着帽衫的照片。篮球运动员们也团结一致地穿上帽衫，无视NBA的禁令——比如勒布朗·詹姆斯就在推特上发布了自己和队友们身着帽衫的照片。民主派众议员和前黑豹党②成员鲍比·拉什甚至把帽衫带进了众议院。他穿着一件灰色帽衫说道："种族肖像刻画必须停止，议长先生。某人是名穿着帽衫的年轻黑人男子，并不意味着他就是歹徒。"

帽衫除了出现在抗议马丁死亡的游行活动中，它还现身在对该事件的解释里。备受争议的福克斯新闻的评论员杰拉多·里维拉说："我认为在特雷沃恩·马丁的死亡中，帽衫需承担的责任和乔治·齐默尔曼要负的责任是一样的。你需要明白，把自己打扮成帮派分子的风格，人们就会把你视作威胁。"当齐默尔曼被无罪释放时，里维拉没有放过"我早就告诉过你"的机会。"关于帽衫，我说的是对的。没错吧？"他说道，"特雷沃恩·马丁今天本可以活着的——如

・・・・・
① 2012年纽约率先发起"百万帽衫游行"（Million Hoodie March），游行者从时代广场出发，步行至联合国大厦。——译注
② 黑豹党（Black Panther Party）1966年成立于加利福尼亚州的奥克兰，是由非裔美国人组成的黑人民族主义和社会主义政党，宗旨主要为促进美国黑人的民权。——译注

果他没有穿上恶棍的衣服，如果他没有穿上那件帽衫。"

对于一些人来说，比如齐默尔曼和里维拉，帽衫意味着威胁。而对于其他人，比如马丁和成千上万的美国年轻黑人男性而言，帽衫是一种制服。它不但舒适，还是一种保护。事发时，马丁正在用电话与他的女朋友通话，在察觉到齐默尔曼看向他后，马丁把帽子罩在了头上。这种阴阳是非即是"帽衫政治"的核心张力。作家特洛伊·帕特森2016年在《纽约时报》中写道："关于帽衫，一直萦绕着的问题非常简单：谁享有不受挑战就可以穿它的权利？"

作为一名生活在英国的中产阶级白人女性，我有这个特权。在写这本书的大多数时间里，都是一件ASOS的便宜帽衫在为我保暖。这件帽衫还帮我挺过了宿醉，也曾在牛奶喝光时陪我去过超市。狂欢时它被系在我的腰间，节假日里在飞机上它为我保暖。去跳舞时我会抓上它，因为我不想担心弄丢珍贵的衣物。抱猫的时候我也穿着它，这样就无需担心猫咪掉毛。对我来说，如何打扮并不重要，保暖、舒适，以及能一定程度隐身是唯一诉求的日子里，帽衫都在。

这可能是我与马克·扎克伯格共享的观点，这位脸书的创始人兼首席执行官是另外一位帽衫穿着者。但与马丁不同的是，来自白人中产阶级、现身价估值约为540亿美元的扎克伯格可以不受质疑地穿上帽衫。他的职业生涯始于大学时期，直至今天，他的着装还保留着大学寝室里的那种感觉。扎克伯格的帽衫是特意为之的没有个性，甚至它们都不能叫作"衣服"。不过它们倒真成了商标一样的东西——2014年，这位众人皆知在公共场合很害羞的首席执行官开起了自己帽衫的玩笑。扎克伯格在脸书发布了一张他的衣橱的照片，里面有9件灰色T恤和8件灰色帽衫，他还附上了一句打趣的配文："刚休完陪产假回来上班的第一天，该穿什么好呢？"

穿着帽衫的马丁被解读为有威胁性的年轻人，而同样的帽衫由扎克伯格穿上就变成了一种有趣的怪癖。扎克伯格是一个颠覆者，他把属于周末的衣物带进了西装革履的商业世界。不过，他也曾因为他的帽衫遭受过批评。2012年，因为穿着一件帽衫参加了脸书的首次公开募股——一个正式的、理应身着西装的场合，他被一名分析师批评"不成熟"。在今天的硅谷，帽衫成为一种适宜的办公室着装，是新阿尔法男性的制服，这当然要归功于他。《纽约时报》在报道2013年哈佛商学院的一份研究时解释道，我们现在时代里的成功意味着"特意而为的不从众，表明你有足够的社会资本去处理嘲讽的声音"。扎克伯格的帽衫可能看起来有点古怪的天真无害，好像只是一种普通的服装单品。但是，当帽衫被穿在了一个形塑了我们当今世界的亿万富翁身上时，它毫无疑问地成了一种地位的象征。就像维多利亚·贝克汉姆的爱马仕铂金手袋一样，它低语着："我很成功，我无需努力。"

"头部的柔软覆盖物"

无论是扎克伯格还是马丁可能都未曾想过他们身上帽衫的来源——或者说，帽衫是如何在人类历史中陪伴我们，并出现在我们的传说、传奇和童话故事当中的。忒勒斯福罗斯（Telesphorus）是古希腊康复之神，他的形象就罩着帽兜。民间故事里还有镰刀死神（Grim Reaper），象征死亡的他自16世纪起就戴着大帽兜。[1]还有《小红帽》，故事的同名主角也戴着帽兜，更不用提模仿成其祖母的大灰狼了。甚至莎士比亚也在作品中提及过帽兜——在《亨利八世》里，凯瑟琳皇后在怀疑一位红衣主教时就曾指出："不是所有的帽兜下都是僧侣。[①]"[2]

· · · · ·
① 即"穿上袈裟也不一定是和尚"，指不要以貌取人。——译注

当然，帽兜在现实当中也是存在的。帽兜（hood）一词最早可以追溯至14世纪，来自"hod"一词，意为"头部的柔软覆盖物"。它是使头部远离寒冷、雨水和危险的一层保护。如镰刀死神一般戏剧化的帽兜形象，大概可以倒推回凯瑟琳皇后说的那种僧侣们的带帽斗篷。圣杰罗姆和圣本尼迪克特的文字中也都对此有所记载。在此，帽兜不仅是一种彰显僧侣与普通人不同身份的仪式用服装，也是在寒冷的修道院中为他们保暖的实用解决方案。

帽兜同样也可以是充满仇恨的。极具残酷的讽刺意味的是，在肖像刻画把年轻黑人男性定义为戴帽兜的群体之前，帽兜本是3K党的象征衣物，也是他们的同义词。3K党本身可以追溯至19世纪中叶，但是如艾莉森·金尼在《帽兜》（Hood）这本书中所写的，党内帽兜的大范围使用开始于"好莱坞掌控一切"之后。[3]一部由描绘了戴帽兜的3K党成员的小说改编、大卫·格里菲斯在1915年执导的电影《一个国家的诞生》，把这些帽兜形象搬到了当时新颖的、令人激动的电影大银幕上。3K党成员们在这部电影中看到了属于他们的时刻。威廉·J.西蒙斯曾是一名吊袜带推销员，在意识到这种令人震惊的打扮有助于吸纳新会员后，他开始大肆推销起了帽兜和袍子。这招确实起效了：16个月的时间内，10万人加入了3K党。金尼说："他们的力量来自以安全的、特权的身份宣布自己是党会的一员，这绝不是秘密。帽兜让3K党的身份看起来很酷。"[4]

虽说帽兜的历史主要是男性的历史，但它们也与女性的谦逊和谨慎联系在一起。18世纪时，女性会穿着一种叫作Brunswick的连帽旅行夹克。[5]尊贵的典范——维多利亚女王本人就喜欢在骑马时戴上帽兜。随后，这种风尚在19世纪的女性群体间流行开来，有时帽檐上还会被加上裘皮。后来，服装设计师、敏锐的滑雪者克莱尔·麦卡德尔在她1940年代的服装系列中融合了运动着装元素，加入了帽兜的设计。十年过后，克里斯托巴尔·巴伦夏加，这位深受西班牙巴斯克地区虔诚天主教家庭影响的设计师，在成长过程中见识过许多教会服装，他热衷于使用帽兜来放大他设计中的戏剧感，这也使得他备受热爱歌剧的社会名流客户们的追捧。

从边线到电影院

由摇粒绒制成、帽兜上附有抽绳、带有袋子式口袋的帽衫早在巴伦夏加前就已出现。1919年，尼克博克针织公司（Knickerbocker Knitting Company）创立于纽约的罗切斯特，该公司的两位创始人亚伯拉罕·费恩布鲁与威廉·费恩布鲁一开始生产的是针织内衣。不过后来他们改变了主意，专注于生产大学运动队的服装套件——要知道，当时的大学生群体已经广泛采纳了T恤作为他们运动套装中的一部分。密歇根大学是其中第一个对两位费恩布鲁先生的新主意表示欢迎的大学，很快，这个风潮就传遍了全美国的边线①。1930年代，兄弟俩给公司改了新名字，现在，它叫作Champion。

加在运动汗衫上的帽兜设计是一个对诸多运动问题的创新解决方案——它们可以让运动员在边线时也能保持温暖。所以它们在一开始叫作"边线运动汗衫"，衣服上的帽兜是可以取下来的。1940年代，Champion品牌编织产品线的一则广告阐释了帽衫正快速发展成为该品牌的当家产品：一组简笔画描绘了一位身着帽衫的旗手正引领着身后的游行队伍。

远在被扎克伯格选择之前，帽衫就已是历史中精英男性的代表单品。自

· · · · ·
① 边线（Sideline）是指在球场边缘标示出的白线或彩色线。——译注

1930年代起，随着运动服饰需求量的增大，Champion开始在大学书店里售卖这些运动汗衫。穿上印着自己大学名字的运动汗衫成为融入校园的时尚方式。到了1960年代中期，这种打扮真真切切风靡校园。1965年在日本出版的《Take Ivy》是一本关于常青藤风格的书籍，书中展示了大学里预科生们的崭新面孔和为达特茅斯划船活动而训练的运动员们身上的"边线运动汗衫"。虽然帽衫还属于运动衣物，但离开校园后，它就摇身一变成为常青藤风格的一部分。它向众人讲述你在大学里的那段时光，更重要的是，它暗示了你在大学时还曾是名运动员。所以年轻男性们会在周末时穿上帽衫，向其他常青藤大学的毕业生们发出信号，证明自己也是精英俱乐部中的一员。

就如你能想象到的一样，帽衫这种创意不但满足了边线运动员的需求，它同样也在建筑工人、冷库工人、树枝修剪工等所有常年在室外工作的群体中受到了欢迎。西点军校的学生们也穿上了Champion的帽衫。帽衫以其纯粹的实用性，几乎立刻成了工装中的一部分、蓝领衣橱中的常见衣物。

明星的力量使帽衫从实用衣物进阶成时尚审美单品。看看原名卡修斯·克莱，后于1964年更名的穆罕默德·阿里。这位拳击手被拍下了无数的照片。帽衫不但是他运动装备中的一部分，也成了颇具戏剧性的工具。看看1963年的克莱，他穿着运动鞋走在伦敦的皮卡迪利大街上，拉紧抽绳的帽兜包裹住了他的脸。在同年拍摄的另外一幅照片中，他穿着帽衫在汽车后排座上扮着鬼脸。还有1972年在雪中训练时的照片，他只穿着运动裤和一件帽衫保暖。虽然他的粉丝军团可能永远也无法宣称自己是"拳王"①，但穿上阿里的帽衫至少可以让他们与拳王产生些许关联。

· · · · ·
① 此处英文原文为 "The Greatest"，这是阿里的绰号，即"最伟大的"，代指"拳王"。《拳王阿里》这部电影的英文名称也是 "The Greatest"。——译注

把帽衫融合在步伐中：
穆罕默德·阿里
1963年在伦敦的林荫大道上训练

好莱坞同样发挥了它的作用。达斯汀·霍夫曼在1976年的电影《霹雳钻》中，出演了一名敏锐的、无意中卷入纳粹阴谋的田径运动员。在一个用到电影海报和公众宣传物料的镜头里，霍夫曼举着一把枪，穿着一件海军蓝色帽衫。这个场景也许现在在公众印象里有些模糊了，不过另一个1976年的好莱坞帽衫时刻至今在YouTube上有超过240万的播放量，还被制作成了动图——西尔维斯特·史泰龙饰演的洛基，穿着泥灰色帽衫跑在费城的台阶上。帽衫与大学间的联系逐渐褪去，拳击手们——无论是真实世界里还是虚构中的——为帽衫带来了以男子阳刚气概为核心的魅力。这种观念在已经穿上帽衫的工人阶级男性群体中产生了共鸣。

持枪帮派分子、涂鸦艺术家和"恶棍们"

大概就在洛基跑上台阶的同一时期，帽衫的实用设计使它初次亮相于彼时正以蓬勃势头在纽约布朗克斯和布鲁克林区发展的嘻哈世界。现在我们认为帽衫与嘻哈之间的关联是密不可分的，但实际上，这种关联在最早时根本无迹可寻。街头帮派——或者像有些帮派成员们所说的"家族们"——在嘻哈发展早期时穿的是剪掉袖子、背后涂画上帮派名称的丹宁制夹克。而那些还没有与指定帮派或家族产生关联的人们，穿的是"预科生套装"——洛邑施灯芯绒、直筒牛仔裤、乐福鞋、坎戈尔袋鼠帽子和没有镜片的卡加尔眼镜。

在街区派对和布朗克斯的夜店里，比如Disco Fever俱乐部，嘻哈逐渐发展成了现在纯粹主义者们所说的"四元素",即DJ、说唱歌手、涂鸦艺术家和霹雳舞者。其中,涂鸦艺术家和霹雳舞者是最早拥抱帽衫的群体。帽衫可以让涂鸦艺术家在往地铁车厢上非法涂画标记时隐藏身份,也可以让霹雳舞者在公园里扔下的黑胶唱片上顺滑旋转。涂鸦艺术家艾瑞克·菲利斯布莱特(Eric "Deal" Felisbret)对《滚石》杂志说,帽衫一开始有邪恶的引申含义,因为阴暗的"持枪帮派分子"[①]会穿着它们在人群中抢劫。但是很快地,部分嘻哈人士接受了帽衫。虽说他们的目的也多少是为了隐藏自己的身份,但并不像持枪帮派分子们一样怀有恶意的企图,这就意味着帽衫成了嘻哈圈内人的"徽章"。菲利斯布莱特是这样说的:"在街头,穿着帽衫的人都是受敬仰的人。"

如果人们能够欣赏帽衫带来的安全感,那么戏剧中的它表现得也同样出色。其他的青年文化也喜欢这种组合,因为据特洛伊·帕特森解释,他们发现"帽衫适合青春期的诉求,比如占据空间和戏剧化自我"。其中就包括前卫的硬核滑板现场,因为这群人常在公共场所里玩滑板,致使他们像嘻哈的涂鸦艺术家一样常常被驱赶。帽衫能帮助他们在警察的视线中隐藏自己,所以后来发展成这一群体着装风格中的关键性时尚元素。1988年,硬核摇滚乐队Gorilla Biscuits发布了第一张专辑,封面上就是一只穿着Champion帽衫的大猩猩。BMX[②]文化也同样欢迎了帽衫——在《E.T.》那个著名的场景里,埃利奥特选择穿上一件和小红帽一样的红色帽衫,侧面证明了这种打扮在1982年的街道上已是司空见惯。在英国,酸浩室锐舞派对取代了足球场露台上的休闲文化[③]。帽衫,而且是越大越好的帽衫,成了这种彻夜跳舞的生活方式中穿在你笑脸T恤外面的必备品。不过它也有着不祥的一面:1987年美国发布了一份缉凶通告,

······
① "持枪帮派分子"(Stick-up Kids)主要代指青春期或者刚成年的街头青年,他们从事贩毒、抢劫、斗殴等违法行径。——译注
② BMX,全称为Bicycle Motocross,即"小轮车"。小轮车文化1970年代中期在美国兴起。——译注
③ 足球露台文化发迹于1970年代晚期的英国,这种亚文化衍生出了露台时尚。——译注

远走高飞:
帽衫是1980年代中期青春期前儿童的典型着装，
就像斯皮尔伯格经典之作《E.T.》中所展示的

据称是"大学航空炸弹客"①恐怖分子的素描画像，画面中的嫌疑人身着帽衫、扣着帽兜。

在嘻哈世界里，帽衫成为一种时尚的宣言。它参与了嘻哈早年的发展史，为其带来了无价的真实本色。Run-DMC②最早是棋格西装打扮，后来经过换装改造，现在穿的是黑色运动汗衫和帽衫——搭配上金链子、坎戈

· · · · ·
① "大学航空炸弹客"（Unabomber）是泰德·卡辛斯基的绰号。卡辛斯基是美国数学家、无政府主义者、恐怖分子。他于1978—1995年间在全美范围内有计划地邮寄或放置炸弹，1996年被捕时共造成3死22伤。——译注
② 美国著名黑人说唱乐队，东海岸嘻哈的代表。——译注

尔袋鼠帽子和当然落不下的阿迪达斯鞋子。这是一种能够与粉丝们更好链接的造型。达里尔·麦克丹尼尔斯当时说："这样打扮可以让粉丝们感觉'他就像我一样'。"[6]野兽男孩乐队和LL Cool J跟随了这种潮流。在1990年的音乐录像《Mama Said Knock You Out》里，LL Cool J重拾了帽衫的拳击血统——他戴着戒指，扣上帽兜，阴影跳跃在他的面庞之上。嘻哈乐团A Tribe Called Quest则为这种装扮风格增添了明亮色彩与非洲风格的图案。

当嘻哈从街区派对音乐发展成美国街头年轻黑人男性的真实生活后，帽衫的地位在变化中被保留了下来。在图派克·夏库尔1992年主演的电影《哈雷兄弟》中，当事态逐渐变差时，扣上帽兜的帽衫扮演了主要角色。1993年武当派发布了第一张专辑，封面是张不祥的图像——画面中，无脸的人像全部穿着帽衫。还有Dr Dre、Ice Cube和史努比狗狗等匪帮说唱的代表人物们也都穿着帽衫，他们自1980年代中期起在西海岸发展，后来在美国中产中引起了道德恐慌。

到了1990年代末期，嘻哈早已从它最早萌芽的纽约五个区里走出了很远很远。嘻哈出现在郊区客厅里放映的《Yo! MTV Raps》节目中、青少年的卧室音响里，当然还有衣柜内。尼尔森·乔治在1998年写道："我们国家的服装、我们的语言、我们娱乐的标准、我们的性、我们的榜样，都不过是受嘻哈影响的几个例子而已。"[7]

帽衫正是其中的一部分。哈力甫·奥苏马尔是一名研究嘻哈的学者，也是加州大学戴维斯分校非裔美国人与非洲研究的部门带头人。他说，嘻哈的商业化与匪帮说唱的狂暴在同期发生，而彼时的主流社会里，把帽衫当作威胁的意识正在逐步塑形——就像里维拉对马丁的评论中所展示的那样。社会认为，年轻黑人男性穿着帽衫可不仅是一种服装上的选择。奥苏马尔告诉CNN："帽衫成为法外之徒的文化象征之一。所以，现在当人们看到街头有一名穿着帽衫的黑人男性，他就会变成一个潜在的恶棍或匪徒的形象。"

好角度：
1992年电影《哈雷兄弟》中的图派克·夏库尔，
他的帽衫站姿变得流行

拥抱帽衫

如果说美国文化中帽衫的社会地位主要牵扯了种族与性别，那么在2000年代早期的英国，帽衫则更关乎于阶级和年龄。2003年，彼时的英国首相托尼·布莱尔推行《反社会行为法》①之后，帽衫成为反社会行为令（ASBO）②文化的象征。《反社会行为法》针对治理了包括涂鸦、噪音污染和穿着帽衫等在内的违规行为。到2005年年末，40%的违反者是10—17岁的青少年，他们大多居住在贫困地区。这种肖像刻画行为公然地把帽衫穿着者视为罪犯。后来，街头潮流作家加里·华纳特在伦敦SHOWstudio③举办的一场谈话中，声称帽衫成了"一种震慑人们的制服，是商铺店主们最可怕的噩梦"。

毫不夸张地说，在2005年，英国肯特蓝水购物中心禁止穿着帽衫的人进入，这一举动受到了布莱尔的支持。许多购物中心与学校也采取了相同措施，将不受欢迎的人拦在外面。同年5月，青少年戴尔·卡洛尔被勒令五年内禁穿帽衫。"帽衫"成为一个正式名词，形容居住在城市环境里不怀好意且无所事事的工人阶级年轻人。《剑桥词典》举了帽衫的例子来解释"肖像刻画"："一名女性警察被一群'帽衫'中的一位推下了很长一段混凝土台阶，另一名男性警察被撬棍击打了面部。"如果说布莱尔颁布《反社会行为法》的目的是去"示好"尊贵人士，保守党领袖戴维·卡梅伦则从中看到了一个占竞争对手便宜的机会。虽然卡梅伦从未真正从口中说出过"拥抱帽衫"这句话，但是他在2006年的一场演讲中敦促了他的同僚们——即"穿着西装的人"——停止再把帽衫视为"年

- - - - -
① 《反社会行为法》全称为Anti-Social Behaviour Act。——译注
② ASBO，即Anti-Social Behaviour Order，为《反社会行为令》的缩写。——译注
③ SHOWstudio是尼克·奈特在伦敦创立的跨界时尚空间。——译注

轻匪徒反叛大军的制服"，并且应该对穿着这类服饰的人表示理解。不过，这场演讲并没有为卡梅伦赢得他试图迎合的群体的好感，引发的只有无休止的嘲笑。一年后，在一次造访曼彻斯特住宅区的行程中，一个穿着帽衫的人闯入镜头，朝这名反对党领袖的方向做出了枪的手势。

2011伦敦骚乱：
帽衫被妖魔化，但它真的是受惊的年轻人的服装吗

年轻人确实保卫了他们选择的服装。说唱歌手女君主发布过一首名为《帽衫》(*Hoodie*)的歌曲，并且在2005年发起了"救救帽衫"运动。这里需要特别说明的一点是，年轻人对"不认同"的轻蔑态度，与几个世纪以来所有年轻人都是一样的——他们压根不听，继续穿着帽衫。他们让帽衫成为英国城市环境下的制服，出现在街头、学校与舞池里。车库饶舌①歌手迪兹·雷斯科穿着帽衫，还有Roll Deep②中的其他人——在2011年该组合的一张照片中，11名成员中有7人身着帽衫。

在英国，帽衫仇恨在2011年夏天的伦敦骚乱中达到了峰值，此时距美国佛罗里达州发生的马丁事件仅过去不到一年的时间。伦敦北部托特纳姆区的大街小巷都上演着游行，抗议马克·达根③遭警察枪击致死。五天时间内，骚乱在伦敦横行——商铺被火烧、被抢掠，据统计共发生3443起犯罪事件，超2000人被逮捕。这些骚乱者们最有可能穿的衣物是什么？正是帽衫。它们频繁地出现在关于骚乱的头条新闻中，巩固着其暴力与不当行为的代表形象。

凯文·布拉多克在《卫报》中讲述了"一代年轻人的预设衣橱之选是如何发展成为伦敦青年劫匪的犯罪衣柜"。在文中，他把媒体对这群年轻人的描画与英吉利海峡彼岸的"巴黎郊区人"④进行了对比。法国在2005年也发生了骚乱⑤，身着帽衫、扣上帽兜的年轻人是主力军。在布拉多克的解读中，帽衫超越了恶徒的概念，它不但是一种在权威之下遁形隐藏的方式，也是一种保护自己的办

· · · · ·
① 车库饶舌（Grime）是2000年年初在东伦敦出现的一种音乐类型。——译注
② Roll Deep是来自伦敦的车库饶舌乐队，创立于2001年。——译注
③ 马克·达根（1981—2011）在伦敦托特纳姆区被警察枪杀，他的死因引起了民众的公开抗议，后演变成警民冲突乃至全伦敦范围内的骚乱。——译注
④ "巴黎郊区人"（banlieues）指在巴黎城市外围居住的人群。"郊区"一词通常暗示着贫民区、社会福利房、罪案、失业、移民、治安恶化与暴力等。——译注
⑤ 2005年巴黎骚乱发生于巴黎郊区城市克里希丛林市，起因是两名北非出身的男孩在躲避警察时不慎被电死，事件发酵后蔓延发展成整个法国范围内的骚乱。——译注

法——和马丁在察觉异样时戴上帽子的行为同理。当外界令人感到恐惧、不友善时，帽衫可以把周围的世界屏蔽掉。他在文中写道："躲藏起来的孩子们害怕被看到，他们日常制服带来的隐秘隧道般的视野，好似定义了他们投向外界世界那暗淡且内省的目光。"

所有人的舒适，
部分人的评头论足

在帽衫被妖魔化成"不做好事的年轻人"的代表衣物的同时，它再一次成了精英们的地位象征。纪梵希的前创意总监里卡多·提西承认自己对嘻哈着迷，2012年，他在为该品牌设计的系列中加入了帽衫的款式。尽管那件带着罗威纳犬图案的帽衫标价高达565美元，但它还是迅速地成了流行商品。2016年，来自热门品牌唯特萌的一款标价800美元的松垮版型帽衫宣布售罄。一些终于获得时尚产业认可的有色人种设计师带来了更多的帽衫。非洲裔美国籍设计师维吉尔·阿布洛自己的品牌叫作Off-White，其中一件价格在500美元左右的条纹袖帽衫是各路名人的最爱，包括贾斯汀·比伯、贝拉·哈迪德和说唱歌手The Game等。阿布洛的前助理萨缪尔·罗斯是一位加勒比裔的英籍黑人设计师，他在自己的品牌A-Cold-Wall*中也同样设计了帽衫。帽衫成为其品牌的基石，线上零售商Hypebeast把它形容为融合了"萨维街①的裁剪细节与英国工人

......
① 萨维街（Savile Row）是位于英国伦敦梅菲尔的购物街区，因传统客制男士服装行业闻名。——译注

帽衫走向高级时尚:
像唯特萌之类的品牌把日常单品搬进了时尚秀场

阶级的制服"。唯特萌创始人德姆纳·格瓦萨里亚这样总结帽衫在高级时尚中的吸引力："当你穿上帽衫、戴上帽兜……感觉就来了，它赋予你那种态度。"

无论标价如何，帽衫现已成为生活在网络上与耳机中的一代人的必需品。2019年，卢·斯托帕德在鹿特丹策划了名为"帽衫"的展览，他形容帽衫是"一个能够创造属于自己泡泡的工具"。当我们在2020年春季进入隔离状态后，帽衫在这个集体性焦虑发作的社会里成为完美服装单品——人们穿上它，企图与世隔绝，屏蔽四周，感受舒适与温暖，遵循网上的建议，好好待在家里。我们蜂拥着购买帽衫：Lyst①宣称，无论是在英国还是在澳大利亚，它都是3月及4月中搜索频率最高的单品。波特女士运动汗衫品类的销量在同期上升了106%，其中49%的增长来自帽衫的贡献。Champion虽是原创，但据Lyst统计显示，耐克才是全世界范围内最受欢迎的帽衫品牌——隔离期间，该运动服装巨头产品销量因它而激增。

甚至早在疫情开始前，坎耶·维斯特在《华尔街日报》的一次采访中就曾以他一贯的先见之明说帽衫是"过去十年间最重要的一件衣服"。他是对的。帽衫现在已经被解读为经典设计，经典到足以放在纽约现代艺术博物馆（MoMA）的永久馆藏当中。不过，帽衫的部分力量正是来自它将会永远携带争议的事实。如哈力甫·奥苏马尔所说，做一个穿着帽衫的年轻黑人男性，还是会被视作"潜在的恶棍或匪徒的形象"。

《公民：一首美国抒情诗》（*Citizen: An American Lyric*）是克劳迪娅·兰金2014年出版的一本探讨21世纪种族问题的书。封面上，诗人兰金选择了艺术家大卫·哈蒙斯1993年的怪异作品《帽子里》（*In the Hood*）来突出强调书中涉及的议题。画中，帽兜被从衣服上扯了下来，里面空荡荡地被悬挂在画廊

· · · · · ·

① 英国时尚购物搜索平台。——译注

的墙壁上。这是一幅受1991年罗德尼·金[1]真实经历启发的作品——金被警员暴打，事件最终引发洛杉矶骚乱。兰金在20年后对哈蒙斯画作的回顾是一个强烈提醒，提醒人们直到今天，同样的问题仍旧存在。2020年5月，乔治·弗洛伊德[2]被一名警员压颈窒息而死时，身上穿的是一件马甲，而在后来游行抗议者传播的照片中弗洛伊德穿的是什么呢？是一件黑色帽衫。兰金在2015年就曾对BuzzFeed[3]说："所有人都穿帽衫：孩子、白人男性、白人女性、黑人男性……但只有帽衫紧贴在黑人的身体之上时，它才变成一种犯罪的信号。"

· · · · ·
① 罗德尼·金（1965—2012）是一名非洲裔美国人，他是警察暴行的受害者。1991年他酒驾超速后被警察逮捕，然后遭受了警方的暴力对待。——译注
② 乔治·弗洛伊德（1973—2020），非洲裔美国人，因涉嫌使用20美元假钞被捕时被警察跪压脖颈处超过9分钟而当场窒息身亡。事发过程被路人直播到了网上，引起广泛关注，示威很快发展成暴乱，蔓延至整个美国以及其他同样面临种族问题的西方国家。——译注
③ 美国网络新闻媒体公司。——译注

现在如何穿着帽衫

扣上帽兜

发布穿着帽衫、扣上帽兜的自拍——活动参与者就是这样在社交媒体上庆祝特雷沃恩·马丁2月5日诞辰的，抗议尽在不言中。马丁去世时年仅十七岁，如果他还活着，2021年他应该庆祝自己二十六岁的生日了。

展示你的忠诚

帽衫就像T恤一样，可以用来说些关于你母校、你喜爱的乐队或者任何令你感觉强烈的东西，即使是在你只想要电视连续剧和扑热息痛的一天。

原创还是最好的吗？

Champion帽衫还是相当有威信的，懂行的人管它们叫"边线运动汗衫"。Champion是第一个生产该品类衣服的品牌，帽衫上小小的红色字母"C"是饱含着经典设计的徽章。

选择XXL码

无论是出于舒适度还是美学的考虑，一件廓形帽衫都是当之无愧的冠军。2016年的唯特萌备受消费者欢迎。同时，嘻哈明星们，比如史努比狗狗，他们也是让帽衫走向XXL码的部分原因。穿上一件试试看，你一定会感到自己被包裹起来了。

磨练你自己的帽衫

帽衫这种东西，越穿越有感觉，真的。好好珍惜你的帽衫吧，把它当成一席棉被，穿去运动，瘫在沙发上，去任何场合。久而久之，你的帽衫会有种穿旧后独有的磨损质感，人们可是会为了这种感觉花大价钱的。

须知事项

● 最早的帽衫出现在1930年代，由后来更名为Champion的尼克博克针织公司生产。这种带拉链的连帽运动汗衫有其特殊用途——为边线上的运动员们保持体温。

● 在希腊神话、莎士比亚戏剧和童话故事中也能发现帽兜的踪影。僧侣们穿着蒙头斗篷，16世纪图画中的镰刀死神也穿着带帽兜的袍子。帽兜也是不祥的噩兆——自1910年代起，3K党就以身着帽兜的形象示人。

● 帽衫与嘻哈的关联开始于1970年代晚期的涂鸦艺术家和霹雳舞者们，当时的他们出于防护和保暖的目的选择了帽衫。1980年代中期，帽衫从实用单品转变为时尚宣言，Run-DMC、LL Cool J和野兽男孩都穿上了帽衫。

● 2000年代起，帽衫愈加被妖魔化。它在英国是工人阶级年轻人反社会行为的象征，在美国则被视为威胁——尤其是穿在年轻黑人男性身上的时候。这一切在2012年特雷沃恩·马丁的死亡事件中达到顶点：他被乔治·齐默尔曼射杀身亡时身上穿的正是一件帽衫。

● 帽衫在新冠疫情大流行期间扮演了新的社会角色。2020年的3月和4月中，波特女士运动汗衫品类销量上升了106%，其中49%是来自帽衫的贡献。耐克备受消费者青睐，该运动服装巨头品牌的产品销量在2020年第一季度因帽衫而飙升。

采 访
A-Cold-Wall*创意总监
萨缪尔·罗斯

　　萨缪尔·罗斯在英国北安普顿附近韦灵伯勒的一个自由派工薪家庭中长大，帽衫是他与朋友们在成长过程中常穿的衣物，通常与耐克运动服搭配，或者穿在派克大衣下面。"帽衫和大衣上的肩章一样，它们都是你所选制服的象征，"罗斯说道，"这就是你的文化，这些就是你的人民。"到了青春期的中晚期，一切发生了改变。他解释说："随着社会逐步展示出对你的社会位置的真实意图，作为有色人种的一员，作为在成长国家里属于少数族裔群体的一名儿童，你人生最初的12—15年就如同剥洋葱一样。"而这个过程的发生"让帽衫变得更加重要了些"。

　　罗斯可能会被误认为是一名学者，实际上他是A-Cold-Wall*的品牌创意总监。该品牌在Instagram上有超过72万名粉丝，入驻SSENSE和塞尔福里奇这样的零售商场，还在2016—2017年度达到过170万美元的营业额。帽衫正是罗斯高层次思维提炼出的运动服饰审美核心。它是热销品吗？罗斯回答："超级热销，特别是在亚太地区。我之前还与一个朋友聊到过这个问题，不同文化是如何使用不同密码来展示其文化意识、去违背常理的……在一个人什么也没说的情况下，语义学和符号学都替他发了声。"

　　这位设计师相信，正是这种表达沟通能力使帽衫成为一种阿尔法服装——当它被马克·扎克伯格、埃隆·马斯克和坎耶·维斯特穿上的时候。"这些人全部是亿万富翁，不是吗？"罗斯说道，然后接上了他的理论，"如今有一种观念，一个人可以违背常规、加速旅程，在系统外找寻捷径或直路，而不是按部就班地进入系统。帽衫就是这种观点很好的代表。"

罗斯现在是专家，专为想在人群中低调出众又能彰显无可挑剔设计品位的消费者设计帽衫——A-Cold-Wall*早在2015年品牌创立之初就生产帽衫了。他说能在帽衫这种经典设计上加入自己的发挥是他的荣幸，比如"增强帽衫"。但发挥也要遵守规则，比如"你不可以在帽衫正面放上长方形的口袋，没有人会买的"。另外，脖颈处的抽绳也应该尽量避免，打造出更"干净"的造型。袋鼠口袋（也就是前袋）在帽衫上必不可少，所以它的形状不能太宽。罗斯说："帽衫有很多讲究。当你真的深入钻研帽衫后就会开始学习这些东西。"

帽衫是给所有人穿的，但如罗斯所说，它也是给社会外群体的——无论是亿万富翁，还是被主流剥夺了权利的人。"简而言之，（帽衫）会一直代表那些感到自己格格不入的人，无论他们身处社会的哪一面、哪一层、哪一个行业里。"这可以回溯至罗斯在韦灵伯勒度过的青春期，他说："你几乎一直在这个'泡泡'里，常态就是工人阶级与帽衫，尤其是在我生活的区域里。当所有人都违反常规的时候，它就变成了新的常态，难道不是吗？"

离开家乡上大学的罗斯把帽衫留在了身后——直到最近才重新拾起。这位在接受采访时即将迎接二十九岁生日的设计师重新审视了帽衫作为他个人符号学的一部分："它有一种平静、舒适和接纳的感觉——你在某种程度上几乎不融入社会，但那也是完全可以的。"穿上你的帽衫即代表接纳这种观点？"从某种程度上来说确实是这样。"罗斯回答道。

海魂衫

THE BRETON

　　在2004年5月，我去了锡利群岛①的圣玛丽。这片令人陶醉的土地远离凡世尘嚣，我感觉自己就像漂浮在海面的木筏之上，四周空无一物，只有无尽的水波。绕岛骑行，放眼望去，视线中只有无尽的田野。忽然之间，一张桌子进入我的视野中，上面摆放着一些本地特产和一个诚信箱。我对圣玛丽的回忆充斥着沙丘、海鲜和野花，还有海魂衫。我在码头边的一家水手商店里买了一件Saint James②的海魂衫，由厚重的海军蓝棉布制成，上面还有黄色的安全条。一位渔民把它卖给了我。这位渔民和鸟眼船长③惊人地相似，他们都有着必备的胡须、红润的面颊和闪烁的目光。

. . . . .

① 锡利群岛位于英国西南部。——译注
② 该品牌无官方中文译名，"Saint James" 直译为"圣詹姆斯"。——译注
③ 鸟眼船长（Captain Birdseye）是鸟眼冷冻食品的吉祥物，由英国演员约翰·秀尔扮演。——译注

无可否认的吸引力：
1930年的可可·香奈儿、Gigot，以及原汁原味的海魂衫

从船只到圣特罗佩……
到任何地方

　　回到伦敦后，这件在锡利群岛买到的海魂衫我继续穿了很多年。我是一个条纹爱好者，所以它加入了我的紧身螺纹T恤、细条纹衬衫和宽条纹多层半裙的行列。不过就算它混在脏衣服筐内，或者和其他条纹伙伴们一起被叠好收进抽屉，它也总是能够脱颖而出。尽管这件海魂衫现在身处新的城市环境，可我每次穿上它时，能感到码头上呼啸的海浪与海鸥的叫声依然那样生动，仿佛历历在目。

　　不只有我会在穿衣打扮时沉醉于怀旧时刻，海边浪漫的风情总能令人欲罢不能。传统的海魂衫品牌，比如 "Normandy's Saint James" [①]和命名恰当的小帆船，向高峰时段地铁里被压扁的城市居民兜售了海滩低语的诱惑。事实上，公海上的冒险精神令最具都市气的风格专家可可·香奈儿也为之着迷。

强硬姿态、阔腿裤、
波波头和海魂上衣

　　香奈儿女士如今是无所不在的时尚参考，几乎成了一个"梗"。Instagram上的一个角落就献给了她的名言们，比如"时尚易逝，风格永存"，或者"一

　　· · · · ·
① "Normandy's Saint James" 直译为"诺曼底的圣詹姆斯"。——译注

个女孩应该拥有两样东西——优雅与美丽"。忘了珍珠、套装和单色色系这些组成了"可可风格"的漫画元素吧，这位设计师在你的衣橱中扎下了远超乎于你想象的深根。"海魂衫"同样也叫"marinière"或者"tricot rayé"①，如名字所示，它是布列塔尼海岸上水手们穿着的衣物，要归功于香奈儿女士为其增添了时尚气息。这位设计大师在一张1930年拍摄的著名照片中，身穿一件海魂衫，双手插兜，脚边是她的大丹犬Gigot。照片拍摄于法国蔚蓝海岸②一幢名为La Pausa的别墅外，是她在购入这片土地后一年修建的。

海魂衫吸引了设计师的注意力，但也可能来自大海本身。香奈儿女士是菲茨杰拉德在《夜色温柔》中记录下来的永恒的蔚蓝海岸传奇的一部分。时尚历史学家、《海上时尚》（*Nautical Chic*）一书的作者安珀·布查特称是杰拉尔德·墨菲给了这位设计师提示。墨菲是菲茨杰拉德的朋友、科尔·波特③的客人，同时也是可可·香奈儿的熟人，一次他从位于昂蒂布海岬的别墅去马赛购买船只用品，归途中带回了一些海魂衫。1923年，墨菲不但拍下了他穿着海魂衫的照片，还把海魂衫分发给了周遭的朋友，其中就包括菲茨杰拉德。在1925年的一张洒满了阳光的照片中，这位作家穿着海魂衫，身旁的妻子塞尔达微笑着。

现在我们不清楚墨菲是否也曾给过香奈儿女士一件海魂衫，但可以确认的是，当她看到这个设计后，清楚地意识到这是一种符合她解放的、无忧无虑的风格的单品。香奈儿女士最早曾是一名女帽匠，后来开始尝试做自己想穿的衣服。她的设计是给像她一样拥有独立思想、拒绝紧身胸衣和美好年代④花边、打扮优雅简约的女性的，海魂衫那朴实的形状和大胆的线条皆与这种理念相符。

· · · · ·
① "marinière"与"tricot rayé"都是法文中"海魂衫"的意思。——译注
② 蔚蓝海岸地处地中海沿岸，自18世纪起就是贵族名流们的度假胜地。——译注
③ 科尔·波特（1891—1964），美国作曲家、音乐家。——译注
④ 美好年代（Belle Epoque）通常指从法兰西第二帝国覆灭到一战爆发前的时期，该时期的时装风格以华丽繁复为代表。——译注

全在海上：
1934年，海魂衫在它的自然栖息地——法国水手身上

关于设计师对海魂衫的采纳，香奈儿传记作者贾斯迪妮·皮卡蒂形容道："和她职业生涯中的其他案例一样，她总是能很快地提炼到精髓，将其吸收进自己的风格当中，再出售给热切盼望购买她衣服的消费者。"[1]

　　需要提及的是，虽然香奈儿女士是时尚界里改变了女性时装历史的巨头人物，但她的个人政治表现与时髦可一点都搭不上边。调查记者哈尔·沃恩曾于

2011年披露，香奈儿女士曾是纳粹的情报人员，负责为纳粹德国招募新特工。不过，这些被披露出来的信息并未撼动香奈儿女士本人和以香奈儿命名的时尚巨头品牌。即使在今天，香奈儿也是时尚与优雅的代名词。

海魂衫除了在香奈儿女士与她的朋友们占领的时尚上流社会中出没，还代表了完全迥异的东西——对于水手们来说，海魂衫意味着海面上的辛勤劳作。条纹自18世纪起就出现在船上，据说，纳尔逊①穿的袜子就是条纹的。1858年，海魂衫正式成为水手们的必备制服上衣。它们在船上的发展是有道理的——如果船员不慎跌落甲板外，衣服上的条纹会使他们在海浪中更加显眼。一件常规的海魂衫上条纹的数量是有着明确规定的：21条20毫米宽的白色条纹，以及21条20毫米宽的蓝色条纹。部分由Saint James生产的1858年款式，躯干部位的蓝色条纹是精确的10毫米宽度，每只袖子上有15道同样规格的条纹。有传闻说，条纹的数量特意匹配了拿破仑面对英国作战胜利的次数。

懒汉、违规者、辍学者和披头族

条纹自身就饱含丰富的历史。米歇尔·帕斯图罗是关于条纹的历史书籍《魔鬼的面料》的作者，他声称，条纹伴随着我们走过了整个人类文明的历程。帕斯图罗从原始耕种中土地上遗留的耙子压痕里看到了条纹的痕迹，在邮票盖印

· · · · ·

① 霍雷肖·纳尔逊（1758—1805），英国海军将领、军事家。——译注

机上也发现了条纹的踪影，他称条纹是"一种文化标记——种人给周遭环境盖上的印章、对物品的铭刻，对他人身上的强加……它无处不在。地景环境以条纹的形式承载了人类运动与活动的痕迹"。[2]

随着历史的发展，穿着条纹的象征含义发生了剧烈的变化。它们很久以来一直是，直到现在也是与囚犯和羁押联系在一起的，比如恶魔岛和奥斯维辛集中营里穿着条纹衣服的人们。中世纪时，条纹代表了违法犯罪。文学作品描绘性工作者与麻风病人穿着条纹衣服，以此凸显出他们与社会中其他人员的不同——他们是"游手好闲的无用之人"。不过随着时间进一步推移，条纹变得时髦起来。从瘟疫中幸存下来的年轻贵族们纷纷穿上条纹，这种发出强烈宣言的衣服使他们与"游手好闲的无用之人"保持了一致。后来，条纹又出现在了欧洲精英们的身上。我们穿着的海魂衫中至今仍体现着它与法国的联系，这种关联出现在法国大革命之后，当时条纹三色旗①成了新共和国的骄傲象征。18世纪晚期的知识分子们会穿上条纹燕尾服来彰显他们对"共和国三色"的忠诚和与底层阶级——比如长久以来身着条纹的侍者们在时髦层面上的团结。

快进到一百三十年后的香奈儿时代，那时条纹图案已经成为一种时尚语言，海魂衫不过是它最新的化身。到了1930年代，海魂衫成了波西米亚主义年轻男性们最喜爱的上衣单品。它是如此的无处不在——事实上，在一场可能被称为"讨厌潮人"的运动中，海魂衫当选了"最不受欢迎单品"第一名。英国男士杂志《Adam》在1934年的一篇文章中刊登了一名穿着海魂衫、头戴贝雷帽、叼着烟斗的年轻男性的照片，文中写道："很不幸的是，我们在里维埃拉遇到了不止一位如此穿着打扮的男人。我们迫切要求这样的怪诞人物立刻消失。"但是很遗憾，海魂衫在特定群体间的受欢迎程度不降反升。在要求特定

· · · · ·
① 三色旗（Tricolore），上面为蓝白红三色，是法兰西共和国的国旗。——译注

阶级的男性严格遵守西装打扮的20世纪30—40年代里，它成了如巴勃罗·毕加索和萨瓦多尔·达利等拒绝按照社会要求去生活、去打扮的圈外艺术家们的选择。这些最早为低阶层水手们设计的平纹针织T恤，是他们选择主动退出的象征。

二战后，海魂衫蕴含的波西米亚主义精神与巴黎左岸新生的披头族①产生了共鸣。1950年代大概是有史以来第一个世界其他地区皆为法国风格中声名狼藉却又魅力四射的一面而倾倒的时代。照片中，抽着高卢牌香烟、围绕萨特展开严肃讨论的法国青少年出现在蒙马特爵士俱乐部里，这些人穿着平底芭蕾舞鞋、海魂衫，以及紧身黑色裤子，一下子令世界上其他地区的人对这种装扮更加着迷。

珍·茜宝在电影《精疲力尽》中穿出了海魂衫的精髓，不过颇具讽刺意味的是，她是美国人，出生在艾奥瓦州。她的"《纽约先驱论坛报》T恤"在T恤发展史刻下痕迹一事已无需赘述，《精疲力尽》中她的下班后装束——短发、眼线还有海魂衫也作为整体的一部分登上了风格万神庙的殿堂。今天，选择穿上海魂衫而非两件套②加珍珠听起来可能只是种个人选择，但在1950年代，这曾是非常激进的。在那个时期，时尚中的女性气质被格外地拔高与理想化。当顺从是至高品质时，穿上一件海魂衫标志着你的出局，这可是重大的失礼行为。

· · · · ·

① 披头族（Beatniks）盛行于20世纪50—60年代，是大众媒体塑造出的一种刻板印象，展现的是"垮掉的一代"文学运动中肤浅的一面。——译注
② 两件套（twinset）是兴起于1940年代的"短袖内搭＋长袖毛衣开衫"搭配。——译注

这很时髦：
1965年，珍·茜宝穿着她标志性的海魂衫展示巴黎风情

穿着条纹的明星们

　　美国电影明星们也加入了海魂衫的阵营。詹姆斯·迪恩和马龙·白兰度穿上了条纹衫，示意了他们不仅是家喻户晓的明星，也是知识分子半上流社会中的一员。就像白T恤、牛仔裤和我们接下来会讲到的机车夹克一样，这是无价的代言。穿上海魂衫的明星们把条纹传播开来，甚至迪恩在去世后也是如此。穿着一件货真价实的Saint James（多么恰当的命名）的迪恩，出现在他去世后出版的《真实的詹姆斯·迪恩》（*The Real James Dean*）一书中，自此开启了迪恩的酷标签与身穿海魂衫的粉丝军团之间的联系。在1955年的电影《捉贼记》与1957年的电影《甜姐儿》中，加里·格兰特和奥黛丽·赫本分别扮演了身处巴黎、身着海魂衫的美国人，从而进一步提升了它的形象。

　　伊夫·圣·罗兰，这位后来把自己的成衣线命名为Rive Gauche①的设计师，在1962年把海魂衫带到了T台上。1960年代，海魂衫在反主流文化服装经典中的地位也在不断发展。杰克逊·波洛克②穿着一件，纽约的沃霍尔"工厂"也钟情于它——一件红白条纹的海魂衫显然彰显了其主人在圈中的核心地位。1963年左右，安迪·沃霍尔和他的缪斯伊迪·塞奇威克开始穿着海魂衫。塞奇威克把它与黑色紧身裤搭在一起，或者就像她在沃霍尔的电影《厨房》中的形象一样，下半身只穿着内裤。海魂衫现在与这位艺术家的联系是如此紧密，在2020年泰特美术馆的安迪·沃霍尔回顾展上，馆内礼品商店中也有海魂衫出售。

· · · · ·
① 即法语中"左岸"的意思。——译注
② 杰克逊·波洛克（1912—1956），美国抽象表现主义绘画大师。——译注

强壮形象:
"工厂"里的安迪·沃霍尔正穿着他著名的海魂衫做运动,
毫无疑问,伊迪·塞奇威克就在附近

沃霍尔和塞奇威克大概都是受1960年代海魂衫的终极代言人——碧姬·芭铎的风格所诱惑。如之前在平底芭蕾舞鞋篇章中讨论过的，芭铎现在更以她的极右翼观点闻名。但是这位法国电影明星在1950年代晚期与1960年代早期，把海魂衫穿出了自己独有的、后被称为"性感小猫"的专属风格。1956年，芭铎在戛纳海滩拍摄的一组照片中完美地演绎了海魂衫，完美到连法国总统夏尔·

渐入佳境：
1985年，麦当娜赋予海魂衫其标志性的气息，
还"随赠"了一点腹部

戴高乐都称芭铎是"和雷诺汽车一样重要的法国出口品"。在芭铎之前，海魂衫是谦逊、不起眼的，甚至有些假小子气，是她赋予了海魂衫最为沃霍尔所欣赏的闷骚性感，后者也对此致敬——1974年，他完成了以芭铎为形象的丝网印刷作品。

沃霍尔的涟漪效应使海魂衫成为下东区1970年代制服的一部分。帕蒂·史密斯、罗伯特·梅普尔索普、黛比·哈利、伊基·波普和卢·里德都穿上了海魂衫。香蕉女郎在1980年代为海魂衫融入了她们俏皮的雌雄同体风格：把海魂衫扎进了男款501牛仔裤里。1986年，麦当娜在音乐录像《爸爸别说教》中也有着类似的打扮。还有让·米歇尔·巴斯奎特①，他在1984年画了一幅致敬毕加索的画，画中的西班牙艺术家正穿着他挚爱的海魂衫。

如果说是柯特·柯本对海魂衫的偏好奠定了它在垃圾摇滚界和1990年代市区创意环境中的地位，那么是让-保罗·高缇耶——这位出了名的鄙视垃圾摇滚风格的设计师通过加入年代适宜的小把戏，再一次把海魂衫带回了高级时尚的世界。高缇耶是土生土长的巴黎人，他采用了法国所有烂大街的视觉符号——贝雷帽、风衣、海魂衫，甚至还有埃菲尔铁塔，加之浓重的讽刺元素复活了它们。

高缇耶的个人公众形象在这场运动中处于中心位置。1990年，高缇耶出现在了超刻奇艺术家组合皮埃尔和吉尔（Pierre et Gilles）的画像中。他穿着一件海魂衫，手里捧着一束雏菊，背景中是埃菲尔铁塔——就像明信片一样。后来，这位设计师说道："我很愿意生活在皮埃尔和吉尔眼中的世界。"高缇耶在1995年进一步提升了他对条纹的所有权：他发布了"Le Male"香水②，瓶身是一个男性躯体的形状，它穿着——对的，他穿着一件海魂T恤。

· · · · ·

① 让·米歇尔·巴斯盖特（1960—1988），20世纪最具影响力的美国新表现主义艺术家之一。——译注
② Le Male是裸男男士淡香水。——译注

难以言说的魅力

到了2000年代，海魂衫的象征意义再一次发生了变化，它们由局外人的服装发展成为主流的选择，是"当代风格偶像"的教科书级代表人物——艾里珊·钟和凯特·摩丝把它们带入了主流。从2000年代中期起，她们穿着海魂衫——一般是Saint James的，再搭配上流畅的上扬眼线和紧身牛仔裤，她们通常穿去格拉斯顿伯里，有时也穿去出席时装秀。海魂衫作为"高卢经典"的正当性在真正的法国女性也开始穿上它后得到了认可。海魂衫出现在克蕾曼丝·波西的纯真审美、露·杜瓦隆的低调风格和法国版《Vogue》杂志主编伊曼纽尔·奥特的摇滚式改造中。当《卫报》的专栏作者哈德利·弗里曼专门写了《为什么所有人都在穿海魂衫》时，那可真是个属于海魂衫的大时刻。

那篇专栏文字发表于2010年，文中弗里曼对实际情况做了总结："世界上的每一个人都迷恋法国版《Vogue》杂志员工的着装。"虽然法国版《Vogue》杂志的势头现在已经过去了，但"法国女孩"成为重要的时尚缪斯。凌乱的头发、高卢牌香烟、上扬的眼线——对的，当然还有海魂衫，她们与前辈一脉相承。"法国女孩"是1950年代左岸上漂亮的年轻人的一种暗号、一份模糊的传真。（不过她们一直保持"女孩"而不是"女人"这一点则要另当别论，这是一个麻烦的问题。）

"看不见、摸不着"不再是问题。2017年，Racked网站上的一篇文章称"法国女孩"是"十亿美元神话"，配图中的年轻小姐穿的正是——你已然猜到了，正是一件海魂衫。现在网上有很多指南，教人们如何打造出法式女孩的风格。在Instagram上，有560万篇内容打上了"法国女孩"的标签（同样还有French Girl Daily①账户，以及#frenchgirlstyle②、#frenchgirlvibes③甚至#frenchgirlhair④这样的标签）。还有一些书（用英文写的），教人们如何把自己内在的那个"法国女孩"调动出来，它们的封面上至少出现了5件海魂衫的身影。这个趋势同样也增加了条纹单品的销量，2016年，Saint James的销售额达到了4300万英镑，其中32%来自海外订单。如果你不能把头发打理得像法国女孩一样，或者不能像她一样每天在巴黎左岸来上一杯咖啡，至少，你可以穿上与她相同的上衣。

巴黎人与渔民

在电子文化的时尚角落里，"巴黎人"是另一个为人所熟知的角色，它几乎与"法国女孩"一样普及，而且极有可能也穿着一件海魂衫。Instagram上有310万篇内容打上了"巴黎人"的标签，同样流行的还有#parisiennestyle⑤和#parisiennegirl⑥。在手机上划划看，在"法国女孩"里，你能发现所有高缇耶早在三十年前就玩过的那一套烂俗元素和标识——牛角包、埃菲尔铁塔、咖啡、地铁标志、法国旗帜和海魂衫。它们的目的？把这些图像与发布它们的女性锚定在时尚的正中心——巴黎。

· · · · ·
① 法国女孩日常。——译注
② 法式女孩风格。——译注
③ 法式女孩气息。——译注
④ 法式女孩发型。——译注
⑤ 巴黎风格。——译注
⑥ 巴黎女孩。——译注

"巴黎人"早在自拍时代之前就已经出现了。她们在19世纪中期涌现，作家安格内·罗卡莫拉称之为"时尚女性气质的速记"。³巴黎曾是女性时尚的中心，而巴黎的女性就是这种时尚霸权的"海报女郎"。直至一百年后的今天，她们的高卢影响依然深远——即使"巴黎人"已经演化成了社交媒体上的#parisiennestyle，和几近孪生的"法国女孩"融为一体。珍妮·达马斯、卡洛琳·德·玛格丽特和安妮-劳尔·梅斯这些网红们便是活生生的例子。她们的Instagram账号主页上充斥着其他人渴望但不易实现的元素：精心打造的乱蓬蓬头发、消磨在烘焙店里的工作日下午和涂抹恰恰好分量化妆品的本领。2020年网飞剧集《艾米丽在巴黎》中，80%的玩笑都是关于鲁莽的美国人莉莉·柯林斯无法达到巴黎人的冷漠程度。

随着这些法国典型们愈发国际化，它们现在正遭受着质疑——部分来源于幻想进入真实的转变。真正的巴黎女人受够了扮演时尚想象中虚构出来的角色，试图为自己正名。一个法国网站不久前发表了一篇文章，揭露关于法国女性们传闻背后的真相，文中坦言道，周六清晨吃点心可能是为了喂饱宿醉后的自己，而不是为了出镜拍照。

罗卡莫拉指出，#parisienne①几乎总是代指一位苗条的白人女性——事实上，上述我提及的所有女性都符合该形象。想必她们都有私人收入来源，可以让她们每天穿着海魂衫喝咖啡，从来不需要上班。⁴随着如今对特权的谴责越来越普遍，这种被渴望的形象可能最终导致"她"的消失。阿丽丝·菲弗是一名平时居于巴黎的法国作家，在她出版的《我不是巴黎人》（*Je Ne Suis Pas Parisienne*）中，她称真正的"巴黎女人"实际上是一组内部多元分化并且不会时刻打扮精致的人群。"这个女人究竟是谁，全世界的人都

· · · · ·
① 巴黎人。——译注

162

伊曼纽尔·奥特:
法国版《Vogue》杂志主编,
极其善于展示法国女性的无形风格

在讨论她,"菲弗问道,"而这座城市里的居民却从未遇见过她?"这是个没有答案的问题,但无可争议,"她"是我们穿上海魂衫的部分原因。

即使法国女孩的影响褪去,海魂衫在我们的文化中还是有着扎实的地位。它不但"看起来很法式",而且与另一种正当道的时代精神相吻合——它看起来还有点像渔民。阿兰针织毛衣①最早兴起于爱尔兰西海岸线的渔民群体,被

• • • • •
① 阿兰针织毛衣(Aran knit)具备防水与极佳的保暖功能,因此适合渔民穿着。手工阿兰毛衣有着复杂纹理,且每种纹路都有对应的传统象征。——译注

《Vogue》杂志称为2015年的季度毛衣。如今，你很有可能看到二十来岁的年轻人戴着渔夫帽、穿着阿兰针织毛衣和黄色的雨衣出现在佩卡姆①，好像他们在公海上一样。这种打扮已经变得主流。如果你在ASOS上搜索"渔夫"这个关键词，会跳转出超过100件商品。还有英国恋爱真人秀节目《爱情岛》里最受欢迎的参赛者之一、篮球运动员奥维·索科，他在2019年的夏天把渔夫帽变成了他的象征性单品。

随着我们越来越趋向居家办公的生活方式，我们所需的一切只不过是WiFi信号和一杯馥芮白咖啡，所以那些代表着户外工作的衣物变得更具吸引力是合理的——比如海魂衫、伐木工衬衫甚至反光条夹克。《1843》杂志称这种现象为"假怀旧"②，它是电子世界原住民抗拒如今以屏幕为基础的全球性匿名，并通过着装来表达他们向往简单生活的一种方式。

"渔夫假怀旧"现在有它在圈内周知的标记，比如Saint James海魂衫、Stutterheim③雨衣，还有"兴趣点"。伦敦有一家叫作Arthur Beale的商店，里面出售所有与航海相关的用具——它就是一个"兴趣点"。并非所有在这里购买商品的人都会在公海上度过自己的时间，对于它的部分客户群体来说，店内出售的航海服装满足的是另外一种功能，就像著名时尚作家托尼·格伦维尔所说的，它们"表里如一，是真正实穿的衣服而不是'时尚'——虽说它们确实时尚"。

· · · · ·
① 佩卡姆（Peckham）是位于英国伦敦东南部的一个地区。——译注
② 英文为fauxtalgia，"假怀旧"为直译，意为怀念过去时光，即使并未亲身经历过。——译注
③ 瑞典高级外套时装品牌，2010年创立于斯德哥尔摩。——译注

给所有人的条纹

在谷歌上搜索"海魂衫"，你会得到7660万条搜索结果。这些上衣在约翰·路易斯百货公司、波顿①和Joules②里，如果你想回家时也拥有度假的感觉，它们也在Monoprix③里。JW Anderson也出售海魂衫，价格低廉的款式可以在超级干燥（Superdry）里找到——只要10英镑。当然也有给超富有人群的选择，迪奥最近在位于号称百万富翁乐园的希腊米科诺斯岛上开设了一家快闪店，在那里，花1200欧元可以买上一件。

最能体现海魂衫已达到群体效应的标志，是它如今最出名的穿着者不是一位渔夫，也不是一位法国人，而是剑桥公爵大人凯特·米德尔顿。她是那么的"英伦"，你可以在伦敦任何一家旅游纪念品商店里买到印有她头像的茶巾。她拥有众多海魂衫，自2014年起它们就参与进了一个"皇家生活"会涉及的所有场景里——从造访新西兰的会晤，到与乔治王子一起玩马球。英国小众品牌ME+EM要感谢凯特，是她让该品牌出现在她粉丝们的关注范围内——她们尽职尽责地购入了报道中据说凯特拥有的三款海魂衫。甚至她的弟妹梅根·马克尔也穿了一样的上衣，在2019年去摩洛哥的一次皇家旅行中，她穿了一件海魂衫。

凯特·米德尔顿对海魂衫的喜爱未曾淡去。这位以穿衣闻名的女人，会为温布尔登网球公开赛穿上类似白色网球裙的衣服，在出访其他国家时选择与该国国旗颜色相配的服装。在2019年5月的国王杯帆船赛开幕式上，她选择了一件

· · · · ·
① 英国服装品牌。——译注
② 英国乡村风格服饰品牌。——译注
③ 法国连锁超市。——译注

海魂衫，搭配上水手风格的裤子——这正是激起互联网热烈反馈的打扮。Cosmopolitan.com①的头条就是："我们深深被凯特·米德尔顿打造的法国女孩极致装扮吸引。"

如果说海魂衫曾是"边缘人群"的选择，那么凯特·米德尔顿则站在了它的对立面：受尊敬，且有社会地位。凯特是一个坚定的好女孩，她是好交际的、英国中产阶级的、《每日邮报》盖章认可的。对于她来说，海魂衫是一个活泼、实用又有点运动感的选择，这也许对于成千上万的女性而言都是一样的。她可能会在晚宴场合穿上设计师品牌服装——但和英国其他有着三个孩子的妈妈们一样，海魂衫是每日之选。

衣服上的"每日之选"，和美食中的"安慰食物"有着一样的概念。它发出黄金标准的时髦信号，既设计简单又确保了它永远不会令人生畏——这意味着海魂衫在2020年居家隔离期间有着完全合宜的观感。安娜·温图尔和凯特·米德尔顿都穿着海魂衫出现在视频会议里——毫无疑问，许多其他居家工作的女性们也是如此。据Lyst称，凯特·米德尔顿穿着海魂衫出现在BBC后的二十四小时之内，"海魂衫"的搜索量直线上升了36%。

海魂衫持续的生命力基于一个事实——作为时尚单品，它已经存在了将近一百年的时间了，它早已成为风格中的一部分。我在锡利群岛买的那件上衣已经找不着了，现在的我也开始对"法国女孩"持怀疑态度，不过，海魂衫可靠的风格地位依然有着它的效果。我又开始渴望拥有一件Saint James，想在夏天时把它和毛边牛仔裤穿在一起。我知道自己不是独特的，但这完全无所谓。杰拉尔德·墨菲、香奈儿女士，甚至还有拿破仑，他们完全不知道自己开了个什么样的头。

· · · · ·

① 即《时尚COSMO》的网站。——译注

166

恰当的海事：
2019年剑桥公爵夫人在国王杯帆船赛上

现在如何穿着海魂衫

与街头服饰混搭

现代时尚的精髓在于"高"与"低"的混搭。把想法混搭起来吧，别局限于风格统一的打扮，这样才能达到最好的效果。如今，街头服饰是时尚界的大风向。如果我们把一件海魂衫和一件Supreme的派克大衣结合起来，就能打造出有新鲜感的装扮，表达出"我稍微穿了一些时尚史在身上，但是我了解我的条纹们"或类似的观点。

经典叠加

忘了时装周上那些街头风格的明星们吧，真正的时装产业工作狂们都喜欢穿海魂衫、日本产牛仔裤、布洛克鞋和玛格丽特·豪威尔的雨衣。与这些单品组合在一起的海魂衫找到了自己的同类。

想想1950年代崭露头角的年轻法式女演员们，加入创新

奥黛丽·赫本、年轻的芭铎、莱斯莉·卡伦……这些都是海魂衫的代言人。把她们的风格翻新一下，加入一点艾里珊·钟的穿衣体系。你可以保留上扬的眼线，但要搭配上丹宁短裤和草底鞋。加上些时尚女性（It girl）的元素，可以为你的造型增添时尚分值。

买最好的

确实，海魂衫无处不在，但是真正的法国货不仅有着最好的质量，也代表了你真正懂得海魂衫。这会让你脱颖而出。想保持真正的原汁原味，买Saint James。

避免一切"半正式休闲装"

凯特·米德尔顿以海魂衫为中心打造出一整套制服是合理的。但如果你不是凯特·米德尔顿，你就不需要把它和紧身牛仔裤、坡跟鞋或者西装外套搭在一起。换换思路，把海魂衫和中裙、吊带裙、睡衣款裤子搭配起来，这些都是可以接受的。

须知事项

● 海魂衫最早在1858年由水手们穿着。传言说，海魂衫上的条纹数量与拿破仑对英作战胜利的次数特意保持了一致。

● 可可·香奈儿普及了海魂衫，但是并没有为时尚界发现它——这功劳属于杰拉尔德·墨菲。墨菲不但是美国的社交名流，也是菲茨杰拉德1934年创作的小说《夜色温柔》中迪克·戴弗的原型。

● 在二战后的法国，海魂衫是青少年的最爱之一。这些青少年身着海魂衫、黑色休闲裤和平底芭蕾舞鞋的照片流传到了彼岸的英国和美国的同龄人中。他们的风格被模仿，海魂衫就这样成了"局外人""圈外人"的象征。我们当下流行的"法国女孩"就是他们的后裔。

● 海魂衫有一份显赫的穿着者名单，其中包括巴勃罗·毕加索。这位画家在许多公开露面中都是身着海魂衫的形象，比如1952年罗伯特·杜瓦诺为他拍摄的摄影作品，以及他去世后让·米歇尔·巴斯奎特在1984年为他画的肖像。

● 海魂衫有过属于它的T台时刻。圣罗兰在1962年的系列中就包含了海魂衫，让·保罗·高缇耶、巴尔曼和纪梵希也都跟随了风潮。

● 可以说是凯特·米德尔顿把海魂衫带进了主流。她的品牌之选是ME+EM，她显然拥有该品牌生产的三款海魂衫单品。此外，她还穿过拉夫·劳伦和J Crew的海魂衫。

采 访

Arthur Beale店主
阿拉斯代尔·弗林特

有着大约五百年历史的Arthur Beale坐落在科文特花园的一个繁忙十字路口。这家店一开始是一个卖绳子的地方，据传闻所说，绳子是由附近农场里的亚麻制成的。到了19世纪，这家店的经营范围拓展至所有与航海和冒险相关的物品，它为沙克尔顿爵士[1]和最先攀登马特宏峰的爱德华·怀珀提供了装备。1901年，一位叫比尔的前店员接手商店后，将其命名为Arthur Beale。

现在，这里有点像你能在旱陆城市中心找到的一片绿洲，它是专业水手和城市居民都喜爱的商店。阿拉斯代尔·弗林特是这家店2014年以来的新店主，他说，在无数的绳索堆、帆布包和航海用具中——那一整片被称为"奇怪东西"的区域想查到Arthur Beale从何时开始销售海魂衫几乎是件不可能的事情。爬上摇摇晃晃的梯子，穿过购物者们——其中包括一对正在和店员关于绳子展开深度探讨的老年夫妇，以及一位打扮得很艺术、穿着落地式贾德·尼尔森[2]风格外衣的女性，我在商店上方的办公室里同弗林特交谈。他并不是第一位我接触的这家商店里的"居民"，第一位是提尔蒙——弗林特白天带到店里的6个月大的杰克罗素梗。他叹了口气说："让我找块骨头给你。"等提尔蒙被安抚好后，我们坐下来开始谈论这间店铺，看看它属于海魂衫故事中的哪个部分。

· · · · ·

① 欧内斯特·沙克尔顿（1874—1922），爱尔兰裔英国南极探险家。——译注
② 贾德·尼尔森（1959—），美国演员，电影代表作是《早餐俱乐部》。——译注

弗林特穿着厚重的毛衣，留着即使在室内看起来也像被风吹过一样的发型，活像是一名水手。他说航海是他最"主要的热情"，他去过几次北极。在他接手前商店就已经出售海魂衫了，但是，是他恢复了商店中一整层的服装区域。在这里，人们可以买到工作服、毛衣（像弗林特身上穿的那种）和海魂衫。Arthur Beale只备货Saint James的商品，而且只有米色与水手蓝，或者水手蓝与米色两种款式（前者有更粗的米色条纹，后者则是水手蓝条纹更粗些）。"我们对时尚不感兴趣，对新的配色也不感兴趣。事实上，我们讨厌它。"弗林特说道。墙上一个手绘的标语表达了他们的观点——"美丽且实用的衣物让你在陆地与海洋上保持温暖"。

虽然商店对时尚不感兴趣，但时尚是一定对它感兴趣的。时尚学院会派学生们来店里考察，安雅·希德玛芝和保罗·史密斯都是它的粉丝。"保罗·史密斯认为这是伦敦最棒的商店。"弗林特说。他意识到从这样一个所有商品都有其实用目的的商店里头走一件海魂衫这件事，有着诱人的"真实"光环。当我问到为什么人们会热衷于来他的店而不是去最近的一家优衣库分店时，他回答道："我认为人们喜欢在这里购买条纹衫是因为这是一家真正的航海商店，它在这里已经五百年了。他们喜欢'来真地方购买东西'的想法。"

这些顾客是很重要的。"我们没有足够的水手顾客来到店里，不足以支撑我们在沙夫茨伯里大街上的店面，"弗林特补充说，"我们的理想产品不仅是适合航海的、你在船上穿着会感到自豪的，还是可以销售给任何一个人的。"在我造访的这一天，一些时髦人士聚集在店外，其中一位穿着真正的黄色塑料渔夫雨衣。愉快的销售助理说，他们每天至少会收到一个有关海魂衫的问询。

在我离开这家商店时，发现外面刮起了狂风，就好像弗林特和掌管天气的天神约定好把天空变得乌云密布，让大家都来购买海魂衫。不过，并不是所有人都接受了这天气。在街上，我发现了弗林特和他忧心忡忡的小狗提尔蒙，提尔蒙正不情愿地在午间休息时遛弯。也许"他"需要的只是一件属于"他"自己的海魂衫。

细高跟鞋
THE STILETTO

　　二十岁出头时，我曾把珍贵的圣诞节存款全拿出来去逛邦德街上的一月份折扣特卖。我想要的只有一件东西：一双细高跟鞋。我相信我必须通过它把我立刻变成一个光彩夺人的生物，才能到达那个我最渴望的地方——时尚杂志的首席位置。在闪闪发光的缪缪世界里，我发现了这双鞋。它是炮铜灰色的，有着我所要求的那种长钉般的高跟。试穿的时候，我勉强可以在商店厚重茂密的地毯上蹒跚而行。这种"能走路"的程度让我"欣喜若狂"。走出商店时，我得到了自己真正想要的——一个"凯莉·布拉德肖时刻"，我的手臂上挎着一个闪亮的购物袋，里面装的不仅是新鞋子，还有我崭新的、散发着魅力的未来。不过无法避免的是，现实与幻想就是有着些许出入。这双鞋我真的只穿过一次，穿着它挣扎着通勤，还被地铁扶梯上的边角擦坏了鞋跟。

1950年代美人：
1956年玛丽莲·梦露的细高跟鞋助她成为一个时代的性感符号

刀、针和花样女士

　　我吸取到任何经验教训了吗？这种鞋是为了纸杯蛋糕与时髦大都会的生活准备的，而不是为了公共交通或低阈值的疼痛忍耐度。我已经不记得上一次穿高跟鞋是什么时候了。谢天谢地，那些日子已经过去，因为对任何一名有自尊的时尚记者来说，穿着细高跟鞋走上一整天是必备的技能。现在，秀场前排更常见的是运动鞋和平底鞋，符合总体上女性脚上正在发生的趋势：2016年的英敏特[1]报告显示，与高跟鞋相比，更多的女性购入了运动鞋——前者33%，而后者占据了37%。

　　但"细高跟鞋"还是女性魅力的简称。受历史学家安妮·霍兰德定义为"一种权威性的优雅，超越所有危险、不便与荒唐"的诱惑，女性们从小小年纪起就为这种渴望埋单。电影中经常出现的"成年礼时刻"就非常典型——一个小女孩，试穿她妈妈那明显过大的高跟鞋。

　　这种代表了女性气质的单品在1950年代变得流行是合理的，因为正如我们所见，1950年代致力于"修剪"出完美女性的理想形象。究竟是谁发明了第一双细高跟鞋还存有争议，不过他肯定是一位男性。最为公认的高跟鞋发明者是萨尔瓦托·菲拉格慕或罗杰·维维亚，也有少部分人认为是安德烈·佩鲁贾，具体发明时间大概是在1948年到1954年间。金属与塑料的焊接工艺最早是为了航空业而发明的，制鞋业拿来己用并做出了相应的改进与调整。将强金属钉焊在塑料鞋跟上，意味着鞋子可以使人身体的重量聚集在极小的一块面积上，同

· · · · ·

① 英敏特（Mintel）是总部位于伦敦的私人市场研究公司。——译注

时让压力从足弓处得到缓解。

菲拉格慕学习了解剖学与工程学后，在1920年代开始了实验。玛丽莲·梦露在1956的电影《巴士站》中，穿的就是一双菲拉格慕——它成为这位明星性吸引力的关键构成元素。有关梦露的一个传说中称她砍掉了四分之一英寸①的鞋跟，这才有了她代表性的传奇摇摆走路步态。2012年，菲拉格慕博物馆举办的梦露高跟鞋展览打破了这个谣言——展览中的每一双鞋都是相同的四英寸高度。不过，就算没有这些谣言，梦露也利用过这些富含女性气质的道具来为自己打造传闻。她曾说过一句著名的话："我不知道是谁发明了高跟鞋，但所有女人都欠他太多了。"

虽然梦露在推广女士牛仔裤的故事中也扮演着重要角色，但是，是铅笔裙与高跟鞋令她成为1950年代美人的。罗杰·维维亚向着那个时代女性气质的另一个极端努力，为克里斯汀·迪奥和他那些穿着"新风貌"的"花样女士们"②设计鞋子③。维维亚的细高跟鞋问世于1954年左右④，名为"Aiguille"，即法语中"针"的意思。他本人曾说："他们用一道铅笔印勾勒出（它）最后的轮廓。"虽然"花样女士"如今已经成了过去式，但在六十多年后的今天，维维亚仍在生产Aiguille款细高跟鞋。

我们今天把这种细高跟鞋叫作"Stiletto"而不是"Aiguille"，说明意大利人和菲拉格慕先生做得更好些。"Stiletto"在意大利语中的意思是"小刀"，该词源自意大利文艺复兴时期刺客们使用的匕首。¹1953年9月份的《每日电讯报》用其形容细高跟鞋后，它就成了这些如同尖钉般的新高跟的同义词。²莫德·巴斯-克鲁格在《Vogue》杂志中写道：1960年代早期时"被渴望的好莱坞

· · · · ·
① 1英寸等于2.54厘米。——译注
② "Flower women"直译为"花样女士"，指穿着迪奥"新风貌"的娴静端庄的女性。——译注
③ 罗杰·维维亚于1953—1963年间为迪奥时装屋设计鞋款。——译注
④ 罗杰·维维亚品牌1937年创立于巴黎。——译注

式牙齿贴片让路给可达性，（细高跟鞋）成为大多数女性的选择"。实际上当时有些场所禁止穿着细高跟鞋者入内，包括卢浮宫在内[3]，一方面是惧怕鞋跟会在地板上留下印记，另一方面也是出于它会导致背部及足部健康问题的考虑。[4]大概也有来自彼时蓬勃发展的女权运动的反对。如果说战时穿的实用鞋子对女性意味着可以随处走动的新自由，那么，细高跟鞋又把她们带回了原处。它们是被瞻仰、欣赏的物品，而不是为了让人们穿上走动的。

恨天高防水台、男款高跟鞋及更多

到了这个时间点，女性的脚——当然还有男性的脚，已经为时尚受了几个世纪的苦。阿佛洛狄忒的肖像显示这位女神穿着高跟凉鞋，公元前6世纪的希腊雕塑也记录下了女性们穿着类似的鞋款。[5]奥斯曼帝国的男性与女性都穿一种叫作软木厚底鞋（qabaqib）的高跟鞋，以保护足部免受浴室热石地面的灼烫。软木高底鞋（chopine）则是15世纪时髦女性之选，那是一种能达到一米高的极端高跟鞋。

高跟鞋在1590年代流行开来，大概有一英寸高，早期是由木头制成的，外层包裹上皮革。[6]它们可能起源于极端的软木高底鞋，或者来自更遥远的地方。伊丽莎白一世就穿高跟鞋，在她1595年的衣橱清单中，其中一条物品名录中写着"一双带高跟与足弓的西班牙皮质鞋"。在亚洲的一些国家和土耳其，男性骑士穿着高跟鞋是很常见的，因为这样他们才能在骑马时或者在战争中稳稳地坐在马背上。虽然高跟鞋在这个世界里已经被应用了几百年的时间，但直到16世纪，它才被传到西方。彼时从"东方"远归的旅行者带回了描绘着遥远土地上人们所穿衣物与鞋子的书本，有时甚至还会带回物件本身。17世纪，随着阿巴斯一世的崛起，波斯文化成了流行趋势，欧洲男性贵族们穿上了同波斯骑士们一样的高跟鞋。

高跟鞋在这个时期是男性气质的象征，虽说女性也同样会穿着高跟鞋，但却会因其所处不同的父权社会而得到不一样的反馈。15世纪的英格兰国会曾通过一条法律，意图保护男性免受穿着高跟鞋的女性的诱惑，所有违反规定者都会被处以"施行巫术的惩罚"。[7]一种类似于雌雄同体的着装风格曾出现在17世纪的法国，一个把头发剪得很男性化和穿上男士鞋子——也就是高跟鞋的女性会因此被取笑。在1690年代的俄罗斯，高跟鞋是男性观念中女性理应穿戴的物品，彼得大帝就曾颁布法令，命令他宫廷内的女性必须穿高跟鞋、戴假发、化妆。[8]

从波斯的骑马鞋到欧洲的时尚宣言，高跟鞋的不实用意味着它们不适合工作人群，早早就与精英群体联系在一起。时尚历史学家乔纳森·沃尔福德写道："高跟鞋彰显了穿着者比平民大众们要高上一些的社会地位。"[9]今天我们会使用"well-heeled"①这个短语来形容富人或上流社会并非巧合，还有"down at heel"②这个短语，我们如今用来形容某人走背运、衣着褴褛、蓬头垢面。

路易十四的宫廷里也出现了高跟鞋的身影。这位身高仅5.4英尺③的法国君主[10]强烈坚持他小圈子里的人都要穿上红色高跟鞋，将其变成了欧洲大陆上代表贵族、公牛般的男性气质、盛典与权力的象征。[11]在一幅1701年由亚森特·里戈所作的肖像画中，路易十四的红色高跟鞋就出现在了画面的正中心位置。后来，这种风尚也传播到了英格兰，当时英王查理二世出访法国，途中采纳了他表兄路易的鞋履之选。

到了18世纪，男性衣装变得不再如此张扬花哨，高跟鞋很明显地进入了女性的领域。社会开始将其视为女性轻浮的代表，与男性天生的严肃形成对比（在法国，太过于关注时尚的男性被讥笑为"红色高跟鞋"）。就这样，高跟鞋演变成了男性观念中女性理应穿着的物品，是具备威胁性的性感物件。

高跟鞋在19世纪的前半段从时尚领域中消失了很长时间。拖鞋是当时的时尚，就是改编自简·奥斯汀作品的电影中女主人公们所穿的那种，拿破仑的妻子约瑟芬就有300双这样的鞋子。但终究，高跟鞋还是伴随着裙撑的流行一起归来了——当时的裙撑技术采用箍圈，使裙子能够在脚踝边摆动，露出穿着者的鞋子。

在1860年代，带有一点高度的靴子是常见选项，高度通常在2.5英寸①左右。尽管医生对它们将带给穿着者的健康问题表示担忧，《Ladies Treasury》杂志还是在1868年宣称"高跟靴子普遍且万能"。[12]松针皮奈鞋②大概也出现在同一时期，它有一种直且纤细的跟，符合细高跟鞋的模子。[13]高跟鞋至此更明确地成为男性幻想中的一部分：它们以道具的角色出现在色情作品中。[14]

制鞋工艺在20世纪早期变得更加简单，这意味着它们成为可供更多人选择与购买的单品。真正的改变出现在第一次世界大战之后，随着裙摆高度上的提

- - - - -
① 2.5英寸等于6.35厘米。——译注
② 既Pined Pinet，根据法国制鞋匠弗朗索斯·皮奈的姓氏命名。——译注

升，女性脚上穿着的物品成为新焦点。《Vogue》杂志在1921年如此写道："鞋子远未回到它们之前保守的不起眼的状态，现在它们不再局限于与套装里其他单品保持一致，甚至还要超越整体。"15

1920年代的鞋款离细高跟鞋还有很远的距离，它们一般都是短粗跟的，这样方便跳舞。不过，它们的流行程度与可见程度意味着它们还是会引发争议。归功于高跟鞋与色情作品间的联系，对于男性权威而言，高跟鞋就等同于性。而当有社会地位的尊贵女人大胆地穿上它，尤其还搭配上短裙时，社会里长期以来存在的礼仪结构就被破坏了。有些人认为高跟鞋对女性健康有害，所以呼吁囚禁这类鞋履的生产者。但这种论调中也暗含着潜台词，桑默·布伦南在她的《高跟鞋》（*High Heel*）一书中写道："听起来有正当理由的说辞——比如声称某些鞋款会损害身体健康，与另外一种观点混淆在一起，即这些鞋伤害的是处女般纯洁、顺从的女性灵魂。"16

尽管如此，这种鞋，还有穿这种鞋的女性们坚持了下来。高跟鞋成了她们表达女性气质的一种方式，就像"putting your best foot forward"①的字面意思一样：展现出你最好的一面。高跟鞋在1950年代早期的兴起正是该理念的一部分。

· · · · ·
① 英文俗语，直译为"把最好的脚迈出来"。——译注

穿上你的舞鞋：
1926年查尔斯顿舞比赛上出现的粗跟高跟鞋

政治化的行为

　　1960年代的细高跟鞋平平无奇，到了1970年代，因为时代最爱新鞋款——厚底鞋的出现，它们又陷入了低迷。这是自18世纪以来第一次男人和女人都穿上了高底的鞋子。大卫·鲍伊、马克·波伦、乔治·克林顿和Kiss乐队的所有成员都穿上了厚底鞋。布伦南写道："这些鞋并没有让男明星们女性化，相反，它们被看作是很时髦、很花花公子的，极具男性气质，是无法令人忽略的性感。"17就这样，它们宛如致敬了百年前路易十四的盛典。

有些男性早就穿上了细高跟鞋和其他种类的高跟鞋，当然，现在也依然如此。鞋子是变装①的重要组成元素。鲁保罗②曾说："嘿，我身高一米九三。加上头发、高跟鞋和态度……我简直冲出了屋顶！"在这种语境下，高跟鞋是关于颠覆、自我表达、推进反对性别常规和吸引关注目光的。

鲁保罗和他《变装皇后秀》里的"全明星们"出自同一个谱系。一直以来都存在跨性别穿着，17世纪的艾比·德·舒瓦西③就是著名的例子，还有18世纪时见证了男性身着女性服装的伦敦莫莉屋④。18作为一种艺术形式，变装可以追溯至1880年代。第一位被称作"变装皇后"⑤的人是威廉·多西·斯旺，曾是奴隶的他在那个年代的华盛顿特区里举办变装舞会。斯旺及其他所有在场的人都不得不与美国的《化装舞会法》做抗争。制定这样的法律最早是为了防止冒名顶替者利用伪装来逃避法律义务，比如纳税。不同州的法律略有不同，虽然它们并未明文规定穿着异性的服装是犯罪行为，但警察们把非常规性别也纳入了起诉范围。到了20世纪40与50年代，"LGBTQ+"群体迎来了新的"三件物品规定"。这是一条经验法则，只要一个人身上有三件与他出生性别相符的物品，他就可以从警察的麻烦中脱身。对于任何出生时性别为男性的人来说，穿上一双细高跟鞋之类的鞋子是一种风险，不过很多人都宁愿承担。

· · · · ·

① 变装（Drag）指表达男性气质、女性气质或其他形态性别的表演。——译注
② 鲁保罗（1960—），美国男演员、歌手、变装皇后。——译注
③ 艾比·德·舒瓦西（1644—1724），法国跨性别着装者、作家。——译注
④ 莫莉屋（Molly Houses）在18世纪与19世纪的英国指同性恋男性的聚集场所。——译注
⑤ "变装皇后"（Drag Queen）通常为男性，通过变装（衣着与化妆）来模仿、夸张女性特征。在现代文化中，变装皇后通常与同性恋男性和同性恋文化相关。——译注

抵抗之鞋：
西尔维亚·里维拉和玛莎·P.约翰逊
在1973年穿着高跟鞋现身"LGBTQ+"平权集会

　　玛莎·P.约翰逊[1]和西尔维亚·里维拉[2]都自我定义为变装皇后，都穿着高跟鞋，而且在参加1969年石墙暴动后续抗议时也都如此打扮。"LGBTQ+"活动家、变装皇后"完美无瑕的萨布丽娜"（Flawless Sabrina）曾因穿着多次被

· · · · ·
① 玛莎·P.约翰逊（1945—1992），美国同性恋解放运动活动家。——译注
② 西尔维亚·里维拉（1951—2002），美国同性恋解放运动与跨性别人权运动活动家。——译注

捕，最著名的一次逮捕发生在1968年的时代广场，当时她正为变装纪录片《皇后》做宣传。你能猜得到，被捕时她脚上穿的正是一双细高跟鞋。

大概五十年后，非常规性别的人仍会因为穿着遭受他人的指指点点。2011年，一名"冒充"女子的男性在理论上还是会被纽约州当局逮捕。在马来西亚，一名穆斯林男性穿上女性的衣物和鞋子仍是违法的事情，虽然2014年时法庭推翻了这条"丢脸的、压迫的、不人道的"法律，不过这一裁决在次年又发生了翻转。也有其他国家将变装视作冒犯行为，比如文莱、阿曼和科威特。有了这样的背景故事，穿高跟鞋走红毯的乔纳森·范·尼斯、穿着厚底鞋的马克·雅可布，以及穿着高跟鞋出现在黄金时段的综艺《英国达人秀》上的亚尼斯·马歇尔才会有着如此重要的意义。

性、工作与埃塞克斯

倒退回1970年代的异性恋世界，细高跟鞋是许多以性为题材的摄影师与艺术家们关注的中心，比如赫尔穆特·纽顿、盖·伯丁、艾伦·琼斯和大卫·贝利①。贝利很清楚地解释了他有时被视为麻烦多端的偏好："我喜欢高跟鞋，我知道这很沙文主义，它代表女孩子们没有办法从我身边跑掉。"[19]所谓的"fuck me shoes"②同样可以追溯至1970年代。1974年，大卫·鲍伊的《We Are the Dead》歌中提到过它。同时期的朋克们则偏爱它与恋物癖之间

. . . . .
① 大卫·贝利（1938—），英国摄影师、导演。——译注
② 含有性暗示的高跟鞋。——译注

的关联。黑色细高跟鞋是心理学家罗伯特·斯托勒"恋物癖是把一个故事粉饰成一件物品"理论的完美例子。[20]当女性施虐者穿上它，它就是一场戏中的道具，一场女性比男性掌握更多权力的戏，至少在性的语境当中是这样的。

虽然高跟鞋自19世纪就出现在色情作品中，但是自彼得大帝起，也有可能是在他之前，穿着高跟鞋的女性就成为被渴望的物品，是男性幻想中的一部分，有许多作品都是根据女性穿高跟鞋时的身体姿态所作的。学者卡米拉·帕格利亚将其称为"一个经典、原始的性邀请姿势"。2014年的一项研究是让一名年轻女性站在商店外请过路男性回答调查问卷，当她穿着平底鞋时，47%的男性同意了她的请求；而当她换上很高的高跟鞋后，同意参与调查的男性上升到了87%。[21]鞋与性之间的极端关联又把我们带回了那种耳熟的指责论调上——和迷你裙一样，穿着细高跟鞋的女性是在"要求"被强奸，因为她们穿上了"性感"的衣服。这可是近期——2013年时，一名保守党议员针对高跟鞋发表的意见。

1980年代里，女性生活中细高跟鞋的施展场地是会议室而不是卧室。时尚记者哈莉特·奎克称"职业女性"创造了"鞋履的武器库，用鞋履表达战斗语言和无情竞争——比如'杀手''武器''交易破坏者'和'改变游戏的人'"。[22]与盔甲般的垫肩、血红色的口红搭在一起，这些以匕首命名的细高跟鞋与它那尖钉般的样子是一种"不要来惹我"的标志。

同样是1980年代，"白色细高跟鞋"在英国变成了讽刺漫画的同义词。刻板印象中的埃塞克斯女孩梳着黯淡且蓬松的发型，穿着短裙和白色细高跟鞋，是许多笑话里的笑柄。讽刺围绕着这些来自工人阶级背景、现有更多可自由支配收入、大胆形成属于自己群体审美标准的年轻女性们展开。曾经，贵族们是唯一拥有穿着高跟鞋的生活方式的群体，这种等级制度的遗留直至三百年后依然存在。没有高贵血统的埃塞克斯女孩们，同她们的细高跟鞋一起，被指责成俗不可耐的。不过即使这些年轻女性是被针对和取笑的靶心，她们仍然继续保持了自己的着装风格，这从某种意义上来讲，说明她们也是激进的。杰梅茵·格里尔①就称埃塞克斯女孩们是"高跷上的无政府主义"。

让走路变得更有趣一点

　　厚底鞋在1990年代回归，这是娜奥米·坎贝尔在薇薇安·韦斯特伍德秀台上跌倒、辣妹组合穿着巴法罗厚底靴跺脚的年代。接近这一个十年的尾声之际，细高跟鞋和其他高跟鞋们宣告强势回归——而且为人们带来了四位风格偶像。

　　1998年6月，《欲望都市》第一次在美国电视上播出。六季里，凯莉、米兰达、夏洛特和萨曼莎的性冒险——当然还有她们的不幸遭遇成了人们必追的剧情。1060万名观众见证了最终季里凯莉童话般的故事结局——落在化形成Mr Big的瑕疵帅王子的臂弯之中。

　　正如每一位熟悉的观众都知道的，他们真正的兴趣是——当然，是鞋子。鞋子贯穿了整个故事线。比如《女人与鞋》中，凯莉向她选择传统道路的朋友捍卫了自己优先选择486美元高跟鞋的生活方式；还有在《拨云见日》里，花了4万美元在鞋子上的凯莉深陷财务危机；以及在《因果报应》里，凯莉因为她的莫罗·伯拉尼克牌高跟鞋遭到了抢劫。23从凯莉的吉米周到夏洛特的普拉达细高跟鞋，《欲望都市》的每一集中都有鞋履带来的"哇"时刻。

　　细高跟鞋在《欲望都市》中扮演的角色符合千禧年代左右流行的"因为

· · · · ·
① 杰梅茵·格里尔（1939—），著名女权主义作家、学者、活动家。——译注

莫罗、周和鲁布托：
设计师款鞋履是《欲望都市》中凯莉、萨曼莎
和朋友们的时髦必备品

你值得"这类商业化女权主义。为自己购买设计师细高跟鞋的女性被解读为独立、解放和赋权的至高象征。就像其他年轻女性一样，我也被这种想法牢牢吸引，《欲望都市》时代与我的缪缪时刻完全重合。

《欲望都市》已经过时了——其中一些关于种族、性别和跨性别群体的对话与故事情节现在看来让人不适。但这部剧的传奇之一，就是把莫罗·伯拉尼克和周仰杰之类的名字传播到了全世界，使高跟鞋成为一个时代里地位的象征。2000年《新闻周刊》的一篇文章中引用了尼曼百货公司[①]一位买手的话，她称莫罗·伯拉尼克的销量翻了三倍要归功于这部剧的推动。三年之后，南希·麦克多奈尔·史密斯写道："高跟鞋已经取代了钻石项链和皮草外套，成了奢华的象征。"[24]

红鞋子，T台跌倒

《欲望都市》中也有克里斯提·鲁布托的身影。该品牌成立于1992年，以其标志般的红鞋底闻名。鲁布托先生深知红底的价值，他发起过一系列法律诉讼申请禁掉其他同类模仿者，并在2018年赢得了诉讼。

任何了解过法国君主制的学生都知道鲁布托不是发现红色力量的第一人，说到高跟鞋，他欠路易十四的。汉斯·克里斯汀·安徒生1845年写的故事《红

．．．．．．
① 尼曼百货公司（Neiman Marcus）是美国以经营奢侈品为主的连锁高端百货商场，成立于1901年。——译注

鞋子》里，一双让人无法抗拒的红色鞋子会控制穿着者的脚部，最终导致其双脚被截肢。1948年，迈克尔·鲍威尔和埃默里克·普雷斯伯格用辉煌艳丽的特艺七彩技术①将这个故事搬到了大荧幕之上。安徒生的鞋子出现在电影史上最著名的红鞋子——1939年的电影《绿野仙踪》中，多萝西在黄砖路上穿的那一双之后。戏服设计师阿德里安当年用15美元做出了它，这双鞋在2000年卖出了451000英镑。[25]多萝西的魔力鞋子已经扎根在了我们的集体想象中。即使对性别刻板印象的抗议依旧存在，红色细高跟鞋emoji仍是代表了转换性魅力的现代象形文字。

一些红色鞋子蕴含更悲伤的意义，它们代表着挫败女性的自我表达。在《穿出来的思想家》中，琳达·格兰特用令人感动的笔触描述了她在奥斯维辛集中营的一堆鞋子中发现一双红色高跟鞋的经历："它让我想到这些受害者曾经也心情愉悦，她们会走进商店里买上一双红色高跟鞋——这是一个人能穿的最饱含激情的鞋子。"[26]墨西哥艺术家艾琳娜·肖维也曾在作品中使用红鞋子，以此来提醒大家关注1990年代以来在墨西哥华雷斯城被谋杀的上百名女性。她的装置艺术作品《红鞋子》(*Zapatos Rojos*)已经巡回展出超过十年，从密歇根到墨西哥城的广场上，她会放上不同数量的红色鞋子作为致敬，致敬那些被桑默·布伦南称为"无法再在这里穿上它们的女性"[27]——这些鞋子大部分都有高跟。红色高跟鞋同样也是女性权益的象征，它们在每年的"穿上她的鞋，走上一英里"活动②中频频出现，游行中还能看到穿上高跟鞋以抗议家庭暴力的男性们。

- - - - -
① 既Technicolor技术，这里指彩色电影。——译注
② "穿上她的鞋，走上一英里"(Walk a Mile in Her Shoes)自2001年发起，旨在终结强奸、性骚扰与性别暴力。——译注

每日的极端

要美丽不要平庸——把不实用的鞋子当作地位的象征早已开始，只不过在2000年代才达到顶峰。鲁布托的极致芭蕾高跟鞋就如同梦幻一般：前半部分是芭蕾舞鞋，后面配以极高的高跟，穿上它走路简直就是傻瓜的任务。[28]这种高跟

受时尚鞋履的苦：
达芙妮·吉尼斯穿着亚历山大·麦昆的犰狳鞋

鞋的观念是鲁布托先生持续坚持的，2012年时他曾告诉《独立报》："我不排斥舒适的概念，（但是）我倾向于人们说'你的鞋看起来热情四溢、性感非凡'而不是'你的鞋看起来好舒服'。"凯特·摩丝、蕾哈娜和维多利亚·贝克汉姆等女性都为这种观点埋了单。摩丝在2014年时说鲁布托的黑色Pigalle款细高跟鞋是"我的首选之鞋"[29]，维多利亚·贝克汉姆穿了是一双恨天高的鲁布托防水台高跟鞋出席2011年的皇室婚礼。

T台也助力了鞋履走向极端。2008年，《卫报》刊登了一系列模特因穿着高危高跟鞋在米兰时装周走秀时摔倒的故事。这在亚历山大·麦昆2010年春夏系列的犰狳鞋上有更加突出的体现，那是一种蹄形设计、带有超大厚底和高跟的鞋，Lady Gaga和达芙妮·吉尼斯都穿过它。

《卫报》指出，这种流行趋势并不局限于走秀模特和名人之中。利宝百货公司①的时尚采购主管奥莉薇娅·理查德森告诉记者查理·波特："我们这季销量最好的风格很极端，我不认为我们的顾客甘于妥协。"利宝的销量王品有尼可拉斯·科克伍德的一款高防水台鞋，以及圣罗兰著名的Tribute。记得我曾在一次样品特卖会中试穿过一次，别说迈出一步走走了，我连穿着它站起来都很困难。"我不认为实用性是考虑中的一部分，"理查德森补充道，"它更关乎对自己女性气质的赋权与肯定。"就在2017年这种观点仍被反复提及，帕格利亚在她的《解放女性、解放男性》（*Free Women, Free Men*）一书中称，细高跟鞋是"现代女性最致命的社交武器"。

. . . . .
① 利宝百货公司（Liberty Department Store）是伦敦西区的一家老牌百货商场，成立于1875年。——译注

接地气

需要强调的是，与任何时尚单品一样，如果一位女性想穿上一双高跟鞋，那么她就应该不受任何人说三道四地穿上它。但是我们如今正重审时尚单品在日常性别歧视中所扮演的角色，加上运动鞋、芭蕾舞鞋等平底鞋统治了时尚世界，人们对高跟鞋的渴望可能多少有些消退了。最近几年来，要求穿着高跟鞋的着装规定遭到持续的反对，在2018年再一次反对戛纳"不许穿平底鞋"的抗议中，演员克里斯汀·斯图尔特脱下了她的高跟鞋，赤脚走在红毯上。她在戛纳的举动紧随了2017年时发表的言论："如果男性没有被要求穿上高跟鞋和裙子，那么你也不能这样要求我。"

在公司里工作的女性们也在进行着相似的斗争，尽管她们的斗争环境相比之下没有那么的迷人。2019年，演员石川优实在日本发起了#KuToo运动（与日语中的"鞋"和"痛苦"同音，受#MeToo运动启发），号召取缔工作环境内需穿高跟鞋的着装要求。妮可拉·索普是一名来自英国的接待员，2016年，她因未按照雇主制定的着装要求穿上高跟鞋而被从工作岗位上请回了家。尽管有超过15万人在反对性别歧视管理制度的请愿上签了字，政府还是拒绝了禁止在工作场合强制员工穿着高跟鞋的提议。索普形容这是"逃避"。石川优实那边的进展也阻碍重重，虽然日本航空针对她发起的运动做出了反应，规定乘务员无需再穿着高跟鞋，日本厚生劳动省也声称将致力于"提高意识"，但是直到我写下这些故事的时候，尚未有相关正式法律法规获得通过。

哈莉特·沃克在《时代》杂志中将高跟鞋转移到了更广泛的语境中，把它与丁字裤和聚拢胸衣进行了比较："（它们）是被色情化的过去的一部分，如今

红毯破坏者：
克里斯汀·斯图尔特在2018年脱下了戛纳所要求的高跟鞋，
在此之后她都穿运动鞋出席颁奖典礼

显得极度不合时宜"。在2019年《Vogue》杂志一篇标题为《2010年代如何杀死高跟鞋》的文章中，Westernaffair品牌的设计师奥莉薇娅·普德尔科告诉作者凯特·芬尼根："我很庆幸我们远离了这种观点，开始接受自己的身体。与引起自身疼痛相比，我们选择了舒适、实用和我们认为有吸引力的东西。"销量是更能显示出高跟鞋失宠的证据，Lyst声称，从2019年到2020年，高跟鞋的销量以每年25%的幅度递减。

　　新冠疫情期间的居家隔离为人们提供了抛弃高跟鞋的新理由。成千上万曾经穿着高跟鞋上班的办公室白领们彼时都在居家办公，而且极有可能的情况是，她们不再穿着任何鞋子。高跟鞋与牛仔裤、胸罩同属一个类别，它们好像是过去低舒适度生活的残影。在marchesfashion.com零售网站上，勃肯和新百伦的销量都翻了一倍。

　　但是，我们应自行承担对这种鞋履诱惑不予理会的后果。设计师阿米娜·穆阿迪在谈到她希望女性在穿上她的高跟鞋系列时——包括为蕾哈娜的Fen-ty2020产品线设计的Day-Glo细高跟鞋——有什么样的感受，她表示："我想提高她们自己的自信心、美与女性气质。我想让她们感到自己已经准备好了去接受这个世界，去跨越她们的恐惧。"未来可能是属于女性的，但实际情况却比想象中的错综复杂。21世纪，细高跟鞋仍是男权与女性自我赋权的双重象征。

The Ten

现在如何穿着细高跟鞋

听起来很无聊，但请确保你可以穿着它们走路

没有什么比出门一整天却一瘸一拐地想找到药剂师更糟糕的事情了，找到适合你和你的生活方式的高度吧。有搭计程车的预算吗？如果答案是肯定的，那么你的鞋跟越高越好。更可能会选择搭乘巴士？还是选低一些的鞋跟为妙。

转一圈

把细高跟鞋和小黑裙穿在一起可能是很经典，但这种搭配就像一首过度耳熟能详的歌曲。把它们和松垮的水洗牛仔裤，甚至户外版的运动裤搭配起来吧。细高跟本身太过于有女人味，这些单品会为它带来全新的感觉。

颜色是种有趣的选择

想到细高跟鞋时，我们就会想到黑色的漆皮款式。如今新品牌们在高跟鞋的调色盘里加入了许多新色彩。周四清晨穿上一双霓虹绿色的鞋子更有朋克摇滚的感觉，不是吗？

学学细高跟鞋偶像们

从玛丽莲·梦露到——对的——凯莉·布拉德肖，有魅力和情调的女人值得被细读。我们当然可以从她们身上学到风格启示，但同样，我们也可以就这样远远地瞻仰、赞叹她们——就像《热情如火》里的托尼·柯蒂斯一般，惊叹于她们穿着高跟鞋走路的能力。

试验低跟

品牌们现在开始把一双鞋的好走程度纳入设计考虑范围了，争取让带跟的鞋子们适合人们早八晚八的生活方式。它们可能是粗跟的，或者是小猫跟的现代改良版本——共通之处是，当你到家时足部都不会感到痛楚。听起来很诱人，不是吗？

须知事项

● 细高跟鞋最早在1950年代流行起来——那是一个致力于塑造完美女性形象的年代。萨瓦多尔·菲拉格慕、罗杰·维维亚，以及知名度稍低些的安德烈·佩鲁贾都是现在人们认为制作出了第一双细高跟鞋的设计师。

● 1590年代的精英人士是最早穿着高跟鞋的群体，伊丽莎白一世、路易十四和查理二世都偏爱这种鞋。一些男人延续了穿高跟鞋，甚至细高跟鞋的传统。如今，高跟鞋是现已超过一百年历史的变装文化中的一部分。

● 从17世纪开始，高跟鞋在异性恋的世界里是属于女性的领域，也是男性物化女性的道具。第一次世界大战后裙摆长度缩短，它们就在那个时期发展起来。从1960年代起，细高跟鞋就是关于性的——例如它是恋物癖世界中的一部分——和关于权力的。物证：1980年代的职业女性们。

●《欲望都市》带领高跟鞋进入了新时代，它成了一个解放的单身女性的终极购物单品。2008年左右，极端高跟鞋紧随凯莉的莫罗·伯拉尼克与吉米周高跟鞋之后出现。当时利宝百货公司的一位时尚买手对这种流行趋势评价道："我不认为实用程度在考虑范围之内。"

● 如今，女权主义已经在新一代年轻女性的意识中扎根，在这种文化语境下，细高跟鞋成了一件"香菜物品"——喜爱与憎恨它的人站在了两个极端。Lyst显示，高跟鞋的销量从2019年至2020年每年递减25%。但是对细高跟鞋的渴望还是没变，比如阿米娜·穆阿迪在2020年为蕾哈娜的Fenty产品线设计的高跟鞋系列，发布后旋即售空。

采访

Syro创始人

小波·韩与亨利·裴

我与秉持"所有人的女性气质鞋履"理念的Syro品牌创始人——小波·韩与亨利·裴的视频通话并不是完全关于现状的讨论，我们更多聊到了未来的前景。他们的品牌创立于2016年，直至本篇采访撰稿，它在Instagram上已有将近20000名粉丝——其中还包括鲁保罗和萨姆·史密斯。这对二人组合中更善谈的韩穿着利落的淡蓝色高领，他盼望着Syro的故事可以走得更远。

在问到他们的目标时，韩回答道："真的就只是想正常化穿高跟鞋这件事……（自创立这个品牌起）它们就是我们衣橱中不可或缺的一部分……我希望社会也能有相应的转变。"

韩与裴致敬了那些在他们之前就已穿上高跟鞋的非传统性别人士们。韩说："我意识到我们现在可以走出房子是一种特权，这在以前可是违法的行为。"事实上，Syro品牌的名字就展示出他们长远的视野。"它来自anasy-romenos[1]，"裴穿着黑旗乐队的T恤，略显严肃地解释道，"它是一个形容部分希腊化时代雕像的术语。有的女神像会撩起裙子，露出男性生殖器官，这是一个防范邪灵的正面符号。我们了解后，禁不住感慨'哇，这种性别流动已经存在数个世纪了'。但是在当今社会里，它还是一个非常禁忌的话题。"

这对设计师二人组每天都走在街上，身体力行地反抗这种禁忌。裴在洛杉

······
[1] 希腊语词汇，意为"掀起裙子"，这里指古希腊女神雕塑掀起长裙、露出下体男性生理特征的动作。——译注

矶出生、长大，他说："我想，别人看到我说'这是什么'或者'他在穿高跟鞋'的频率，与别人问我是否是中国人或者我从哪里来一样频繁。"有时这些经历中也掺杂暴力，韩补充说道："去年我在火车上遭遇过一次，我记得亨利在街上碰到过好几回。然后我们意识到，居住在纽约这个自由激进派的泡泡里是我们已经拥有的特权……完全自由表达自我的弊端绝对是安全问题。"那么穿上高跟鞋是政治性的选择吗？韩回答说："绝对是，我们的座右铭之一就是鼓励人们去将时尚武器化。"裴也同样补充道："当我意识到我的女性气质被污名化有多糟糕时，我的内在遏制不住地'要主动竖起我的中指'，而'竖起中指'行为中的一部分就是穿上任何我想穿的服饰走上街头。"

Syro有意为名流之外的人群设计，它们的定价大概在230美元（约180英镑）左右一双。虽然不是高街的价格，但它也允许了更多人做一笔"投资"，购入该品牌商品。Syro风格款式多元，从超闪的防水台鞋"Rancho"到更日常的哑光黑色"Ami"都有——这两款都是销量王者。韩解释道："正常化的意思就是每天都穿这些鞋子。我们想做出你可以穿去办公室、去公园里休闲漫步的鞋，而不仅仅是你去酒吧时会穿的鞋子。"

韩，二十九岁。裴，三十岁。两位相识于网络（"是Myspace①吗？"韩回答："不，是脸书，我们没有那么老。"），因童年时试穿妈妈鞋子的相似经历而建立起了紧密的联系。韩回忆道："我不知道具体的原因是什么，但我明白，我把脚放在爸爸的乐福鞋里是可以接受的，但同样的一双脚穿进妈妈的高跟鞋中却是绝对不被允许的。"在问到鞋履带给他的吸引力时，裴回答道："诚实地讲，我觉得这超出了我作为人类能解释的范围。"两位都认同一点，如韩所说，作为成年人穿上高跟鞋的行为是"感觉起来就是对的。这种感受我们很多消费者都有……我们收到许多反馈，说在穿上高跟鞋的一瞬间，能感受到完美吻合的咔嗒声。"

‥‥‥‥
① 聚友网，创立于2003年。——译注

199

机车夹克

THE BIKER JACKET

2000年代中期我在一家时尚杂志社工作，当时的一名同事兼好友从eBay[1]上购入了一件原版的朋克机车夹克。等它寄到办公室后，夹克上的铆钉细节引起了众多的爱慕与感叹——铆钉实在太多，以至于拿起它就像做锻炼一样。同事把它穿上身的那一刻，真正的力量显现了，即使在工作日午饭后的倦怠气氛中也突然出现了令人咋舌的战栗感。

在超过八十年的时间里，机车夹克引诱着年轻的男性与女性们从脑海中蹦出当个亡命之徒的念头，套上皮衣、拉上拉链、跳上一台机车，向着公路驶去。1913年，来自纽约下东区的欧文·肖特与杰克·肖特兄弟俩创立了Schott[2]，一开始生产摩托车驾驶者所穿的雨衣。"Perfecto"皮衣是如今公认的第一件机车夹克，正是该品牌在1928年时的一项发明，直至今天仍在生产。

. . . . .
① 全球范围内民众上网买卖物品的线上拍卖及购物平台。——译注
② Schott nyc为美国皮衣品牌名，暂无官方中文译名。——译注

白兰度、机车和机车夹克：
1953年，电影《飞车党》上映，一个传奇人物骑着摩托车驶向大众视野里

开始叛逆的呐喊

    Perfecto是第一件使用了拉链的夹克，这是欧文在参加一次服装展会后习得的新技术。它是为摩托车同行设计的——长岛的哈雷戴维森分销商以5.5美元的价格出售该款夹克。[1]我们现今熟悉的带对角拉链使骑手免受风吹、保护脖颈且腰部配有带子的皮衣版本则出现在1940年代。[2]

    据说，机车夹克的雏形源自第一次世界大战期间德国飞行员所穿的夹克，以及第二次世界大战中巴顿和麦克阿瑟所穿的飞行夹克[3]，甚至还来自盖世太保们所穿的黑色皮衣[4]。但是，从某种意义上来说，这些都是不相干的。像Perfecto这样的夹克是一种为摩托车骑手们在骑行中保暖的实用解决方案，这也是它被不断增长的摩托车爱好者群体接纳的原因。

    20世纪初，凯旋、皇家恩菲尔德，以及成立于1903年的哈雷戴维森等公司生产了最早的商用摩托车。第一次世界大战中，哈雷戴维森为美军生产了20000台摩托车。这批挎斗上配有机枪的摩托车除了被用来转运受伤士兵外，也同样投入了战斗。这一切都使它们在一战后大受欢迎。1924年美国摩托车协会（American Motorcyclist Association）成立，摩托车俱乐部更是在整个美国境内遍地开花。

    第二次世界大战之后，摩托车文化在被孤立的退伍军人群体间产生了共鸣。他们基本上都是来自工人阶级的男性，战后难以适应城市生活。维诺·威利·福克纳是摩托车俱乐部Boozefighters的带头人之一，他说道："你去参军打了仗，可等你从战场回来，脱掉制服，穿上李维斯和皮夹克的时候，大家却都喊你混蛋。"[5]机车夹克与那些成功被社会同化吸纳的人们所穿着的体面大衣形成了鲜明对比。

　　1947年，这支队伍对社会产生的威胁变得清晰明了。有4000名来自全美各地的摩托车骑手聚集在了加利福尼亚的霍利斯特市。[6]三天时间内，他们"彰显"了自己的存在，上演各种狂欢和更具破坏性的离谱行为。一个人甚至把他的摩托直接骑进了酒吧，然后又把它留在了那里。[7]虽说这个事件被夸张化了，但的确有40人被逮捕。媒体对此表示出了很大的兴趣，在《旧金山纪事报》报道了相关新闻的几周时间后，《生活》杂志也刊登了一张醉酒摩托车骑手在事件后的摆拍照片，并配以150字的短评。[8]1951年，弗兰克·鲁尼①的短篇故事《骑手的突袭》(*The Cyclists' Raid*) 刊登在了《哈珀斯杂志》②上。

　　霍利斯特市所发生的事情实际上并不是重点所在，是媒体的反应建构了传说，并且为摩托车骑手们打上叛逆的角色标签再推广给美国大众。摩托车骑手们的抗议对此也起到了作用，据说在霍利斯特市事件之后，美国摩托车协会声明99%的摩托车骑手都是"好的、得体的、遵纪守法的公民"——尽管后来他们表明没有证据可以支撑这一说法。不过这无所谓，摩托车犯罪团伙或者只是那些喜欢展示坏男孩形象的人们占据了"1%"的称号。这称号是象征了骄傲与自豪的徽章——不仅是精神意义上的，也是字面意义上的，"1%"直到今天仍被缝在机车夹克上。

· · · · · ·

① 弗兰克·鲁尼（Frank Rooney），1913年生于美国密苏里州，在世时是畅销书作家。——译注
②《哈珀斯杂志》1850年在美国纽约市创刊，内容涵盖文学、政治、文化、金融与艺术等多个方面。它是美国期刊史上办刊历史第二长的杂志，曾获22项国家级杂志大奖。——译注

强硬，有时粗糙却实用

　　好莱坞虚构化地演绎了在霍利斯特市发生的骚乱。1953年，马龙·白兰度身穿Perfecto One Star出演了电影《飞车党》，该电影的故事情节基本上改编自鲁尼的短篇故事。⁹它宣传"热血沸腾的恶棍和他惊心动魄的冒险"并且令当权者震惊，与年轻人和躁动的人群心意相通。1967年，亨特·汤普森①总结了这部电影的重要性："它不像《时代》那样把常识给制度化，它讲述了一个刚刚开始且不可避免受电影影响的故事。它给了法外之徒们……一种曾经只有极少数人能找到的镜像映射。"

　　学校禁掉机车夹克后，它首先经历了销量上的短暂卜滑，然后被年轻人穿上以表达他们对那个时代保守主义的蔑视。¹⁰就像其他被禁的单品，比如通常与机车夹克搭配在一起的牛仔裤和白T恤，它拒绝了向"上"打扮的个人风格模式——即模仿有钱人的着装。反而是有明确功能的单品向摩托车骑手发出了信号，正如泰德·波尔海默斯所写的："华丽精致不是他们的方式，他们倾向于粗糙简陋但却实用的服装，从视觉上体现出路途中经历过的艰苦。"¹¹

· · · · ·
① 亨特·斯托克顿·汤普森（1937—2005），美国记者、散文集、小说家、"刚左新闻"的开创者。——译注

在海边

　　《飞车党》的"丑闻"传播得又远又广——这反而为它的风格更添吸引力。英国的反应尤为明显，这部电影直到1967年在英国都是禁片。不过禁令们通常是一样的，它们只会更加鼓励年轻人去模仿白兰度和美国的摩托车骑手们。

　　机车男孩（Ton-up Boys），当然还有机车女孩们，在二战后同摩托车一起成长和发展，在1950年汽油配给停止后达到了巅峰。[12] "机车男孩"的名字来自短语"doing a ton"——意思是以超过每小时100英里的速度骑行。[13]他们穿着皮衣、皮裤和骑士靴，听进口的摇滚乐，聚集在路边的咖啡店里。机车夹克成了这些年轻人心中极好的东西，但对于社会上的其他人而言，它们是危险的象征。[14] "穿着皮衣的人"就是那个年代里"穿着帽衫的人"，据波尔海默斯说，这是"一种不法行为的信号"。[15]

　　下一代穿上机车夹克的英国年轻人是摇滚客①，他们在1960年代里保留了这种穿衣风格和生活方式。摇滚客的主要竞争对手是摩德族，两类人经常会被放在一起讨论。他们之间的"世仇"开始于1964年复活节周末的滨海克拉克顿，冲突也蔓延至其他海滨城镇，比如马盖特和布莱顿。真正发生的暴力冲突很少，但是正如多米尼克·桑德布鲁克②写的："报纸决心把这场打斗描述成一场发生在现代的中世纪战争。"[16]就这样，皮夹克成了摇滚客们的恶行象征。《每日快报》的头版头条就写着："年轻人城中闹事，97名穿皮夹克的人被捕。"

　　社会学家斯坦利·科恩在他1972年出版的书籍《民间恶魔与道德恐慌》（*Folk Devils and Moral Panics*）中论述道，崇拜巅峰时期摇滚乐与路边咖啡店的摇滚客们总是被描绘成失败者："摇滚客们被抛弃在比赛之外，他们是过时的、

· · · · ·

① 在1960年代，很多泰迪男孩转变成为摇滚客（Rockers），特征为穿皮衣皮裤、戴铁链、骑重型摩托车。——译注
② 多米尼克·桑德布鲁克（1974—），英国历史学家、专栏作家。——译注

没有魅力的，只因他们表现得更与阶级相关。"桑德布鲁克的说法与科恩一致："摩德族虽是民间恶魔，但他们也是引领时尚的人。而摇滚客们，他们就只是民间的恶魔。" 17

暴力、革命与奢华

　　除了摇滚客群体外，机车夹克在1960年代的时运是混杂的。它虽然不符合嬉皮士们"爱与和平"的审美，但是第一次进入了T台时尚——它出现在1960年伊夫·圣·罗兰为迪奥品牌打造的高级定制时装系列中。这位设计师当时年仅二十四岁，受巴黎"黑夹克"（Blouson Noir）地下文化启发，系列中包括一款同名大衣，还有机车风格的服装。18不过对于高级定制的布尔乔亚世界而言，这一切都有点太过了，圣·罗兰在系列发布后很快就被迪奥辞退。但是，这些设计证明他早期即具备改变游戏规则的天赋——他能够观察人们在穿什么，然后将其转化为高级时尚。十五年后，时尚作家珍尼亚·舍帕德将功劳归属于圣·罗兰，是他"把黑色皮制机车夹克进阶成高级时尚——一个直至今天它们都归属的领域"。

　　即便有圣·罗兰的背书，当机车夹克被"错误类型"的年轻人穿上时，它们还是保留了威胁的意味。理查德·耶茨是20世纪中期美国主流生活的忠实记录者，他在小说《复活节游行》中就表达了这种观点。书中，当主角的侄子现身一场1960年代晚期的家庭聚会时，耶茨写道："一个身材魁梧、眯着眼睛的年轻人走了进来，穿着一件镶满铆钉的皮夹克和机车靴子，看起来就像要伤害所有人。" 19

穿着制服:
黑豹党成员穿着他们惯用的黑色皮衣,
抗议1969年美国政府对21位黑豹党成员的审判

　　黑色皮革处于一种反对白人主导文化的新兴风格的核心,而机车夹克恰好是白人主导文化的一部分。1966年,鲍勃·西尔与修伊·牛顿在奥克兰成立了黑豹党,这是一个反抗种族歧视和抗击贫困的组织。在自己于2016年出版的书籍《人民的力量》(*Power to the People*)中,西尔解释了他们如何渴望用一种制服来标示出"黑豹们"是一股可以被意识到且被认可的力量:"在我们创立党派的时候，我让皮夹克和蓝色衬衫成为我们的制服。"该决定受蓝调歌曲《黑与蓝》①启发，歌中的情感被可视化并融入服装当中。"我的意思是，在超过200年的种族歧视里，整个美国社会伤痛累累……现在，就让它们成为我们的制服。"

在过去的五十年时间里，黑豹风格一直是激进主义的试金石。碧昂丝在2016年超级碗半场秀上就致敬了它，并以"黑人权利"②行礼结束表演。参与"黑人的命也是命"③的活动分子们也像他们之前的黑豹党人士一样，利用服装来发出强有力的宣言。2020年6月，年轻的BLM④活动分子身着毕业礼服上街参与抗议游行。

机车夹克和骑摩托车这件事在1960年代的女性群体中也同样盛行。安克-伊芙·戈德曼（Anke-Eve Goldmann）是一位摩托车记者，显然她是第一位穿上赛服的女性。在皮耶尔·德·芒迪亚格1963年出版的书籍《黑色摩托》中，她是女主角丽贝卡的原型，该书后来启发了1968年由玛丽安娜·菲斯福尔主演的电影《摩托车上的女孩》。被皮革包裹住身体的女人成了1960年代独特的性象征——比如在《复仇者》（The Avengers）⑤中扮演艾玛·皮尔的黛安娜·里格。

不过，机车夹克与暴力破坏间的关联并未完结。地狱天使俱乐部1948年成立于加利福尼亚，在1960年代遍布全美，甚至传播到了新西兰。成群结队的男性（女性被形容成"老太太"，不是俱乐部的正式会员）骑着哈雷摩托车呼啸穿过各城镇中心，使机车夹克成为令人恐惧的化身。他们留着长发、穿着带有徽章

· · · · ·
① 《黑与蓝》，英文全名为(What Did I Do to Be So) Black and Blue，即（我做了什么而变得如此）黑与蓝。"黑与蓝"在俚语中有"浑身淤青、遍体鳞伤"的含义。——译注
② "黑人权利"（Black Power）是一句政治口号，在1960年代末与1970年代初的美国尤为流行。它的行礼动作为举起右臂，握紧拳头。——译注
③ "黑人的命也是命"（Black Lives Matter）是一场国家维权运动，起源于非裔美国人社区，抗议针对黑人的暴力和系统性歧视。这场运动开始于2013年，因本书前面提到的2012年马丁事件而起。——译注
④ BLM，即"黑人的命也是命"运动名称的英文首字母缩写。——译注
⑤ 1960年代的英国电视剧，又名《龙凤神探》。——译注

装饰的机车夹克的着装风格，助力了恐怖形象的营造。这些"天使"被描绘成典型的美国法外之徒，对社会而言是极大的恶意威胁。他们在1966年的电影《野帮伙》中被编排演绎，也是亨特·S.汤普森1967年《地狱天使》(Hell's Angels)一书中的主角。《地狱天使》出版于汤普森另一部作品《国家》(Nation)的两年后，追踪记录了地狱天使们的暴行，包括暴力与轮奸。

感恩而死乐队曾雇用"天使"当保安，乐队经理人洛克·斯库利也推荐滚石乐队在1969年阿尔塔蒙特音乐会上雇用他们。据说，他告诉乐队成员们这些人"真的是一群很正直的兄弟"。实际上，在阿尔塔蒙特，和"天使"最不沾边的就是正直这一点，他们用台球杆和拳头殴打人群。一位名叫艾伦·帕萨罗的"天使"保安刺伤了年仅十八岁的黑人学生梅莱蒂斯·亨特。当晚，亨特与其他三人去世。很多人都把阿尔塔蒙特音乐会当作反伍德斯托克①的例子，是嬉皮时代的终结，却鲜少提及其中针对黑人的种族暴力。记者格雷尔·马库斯后来写道："在白人男性表演白人版本的黑人音乐时，一名年轻的黑人男子在白人人群中被白人匪徒杀害。仅仅把这当作'不愉快的插曲事件'真是太过于轻描淡写了。"在摩托车文化中，种族歧视一直占据着一席之地，美国的地狱天使们仍然很少批准有色人种加入他们的群体。与白人至上主义的关联是他们历史中的一部分，很多其他摩托车俱乐部也是如此。

· · · · ·
① 即伍德斯托克音乐节(Woodstock Rock Festival)，1969年8月在美国伍德斯托克镇举办，被认为是流行音乐史上最重要的事件之一。——译注

全部包裹起来:
1970年代的黛比·哈利穿着机车夹克外出活动

席德·维瑟斯和芬兰汤姆
——还有方兹

  到了1970年代，朋克们成了机车夹克的头条参考。像席德·维瑟斯、碰撞乐队的保罗·西蒙侬、黛比·哈利，以及帕蒂·史密斯都穿上了机车夹克。维瑟斯和他的夹克有着偶像般的标志性，特别是在这名想穿着机车夹克下葬的贝斯手1979年去世以后。铆钉和标语在当时很常见，刺越尖、文字越有争议越好。马尔科姆·麦克拉伦和朋克先驱薇薇安·韦斯特伍德也在这段故事中起到了重要作用，1971年，二人组在国王路430号开设了他们第一家受1950年代风格启发的店铺，名为"Let It Rock"①。第二年，他们从泰迪男孩②风格明确地转移到了摇滚客风格，出售铆钉夹克。这家店后来更名为"Too Fast to Live Too Young to Die"③，这句致敬詹姆斯·迪恩的口号经常出现在机车夹克的背后。

  不夸张地说，同性恋文化也吸纳了机车夹克。把皮革当作同性情色材料的观念可以追溯到战后年代、"皮革人"④场景与亚文化中。芬兰汤姆原名为图克·瓦力欧·拉科松南，他为这种观念添加了一层新的幻想。这位艺术家以描绘身着制服的水手、拿着套索的牛仔、穿着机车夹克的摩托车骑手等富有男子气概的情色图像而闻名，他的绘画作品在1970年代后期变得更加广为人知。制片人约翰·沃特斯在2020年对《纽约时报》表示，肯尼思·安格、乔·达里桑

· · · · ·

① 直译为"摇滚起来"。——译注
② 泰迪男孩（Teddy Boy）又称泰德族（Ted），是1950年代英国伦敦的亚文化群体。他们是英国境内第一批受美国摇滚音乐影响的叛逆年轻人。——译注
③ 直译为"活得太快，死得太早"，意为感叹生命短暂、英年早逝。——译注
④ 原文为leatherman，意为穿着皮革的人，在同性恋语境中更具情色意味。——译注

"男子气概，成为一种生活方式"：
1980年芬兰汤姆在《皮衣兄弟情》
（*The Leather Brotherhood*）中想象的机车夹克

德罗、吉姆·莫里森和詹姆斯·迪恩这些机车偶像们都欠拉科松南的："如果没有芬兰汤姆的艺术为他们铺路，他们中没有任何一个人会成名。"芬兰汤姆的影响可以在所有东西中找寻到踪迹——从1980年罗伯特·梅普尔索普①梳着飞机头、叼着香烟、穿着机车夹克的《自画像》到Village People②阵容中的"皮革人"。

· · · · ·

① 罗伯特·梅普尔索普（1946—1989），美国著名摄影艺术家，擅长黑白摄影。——译注
② Village People是成立于1977年的美国迪斯科组合，以舞台造型和充满暗示的歌词闻名。——译注

在这个时期，机车夹克也流行到了亚洲的日本。比尔·哈利①的《Rock Around the Clock》在1955年经江利智惠美②翻唱之后风靡一时，当时的青少年们开始探索rokabirī③。1970年代初期的人们见证了这场复兴，像Carol and the Cools④之类的乐队穿上皮夹克、梳起飞机头，表演查克·贝里《Johnny B.Goode》之类的摇滚乐经典曲目。它现在已经发展成为一套完整的亚文化，如阿尔文·基恩·王（Alvin Kean Wong）在2019年于东京拍摄的洛卡比里照片中所记录下的一样，夸张的飞机头和完美的机车夹克仍然备受欢迎。

如果说韦斯特伍德与麦克拉伦在机车夹克中看到了激进，芬兰汤姆把它转化成性迷恋物品，日本的孩子们用它表达典型的青春期烦恼，到了美国，美国的大众文化则把机车夹克重新定位为怀旧盛宴的一部分。1974年，以1950年代为背景的情景喜剧《欢乐时光》开播。剧中，全名亚瑟·方萨雷利的方兹就是教科书般的油头飞车党。彼时距离《飞车党》这部电影上映已经超过二十年的时间了，但是在《欢乐时光》的第一季中，因为怕方兹看起来像个少年犯，他只被允许站在他的摩托车附近时才能穿上皮夹克。

当然，现在这一切都已改变，皮夹克完全融入了方兹被观众喜爱的酷劲儿里，它甚至已被史密森尼美国艺术博物馆收藏。《欢乐时光》为其他的"怀旧之旅"奠定了基础。以1958年为背景创作的《油脂》，是1978年票房第二高的电影。不过这种怀旧的关联也有它的不好之处——机车夹克从叛逆的象征沦为陈词滥调。街头服饰评论家加里·华纳特说机车夹克在"亨利·温克勒⑤穿着它出现在《欢乐时光》后停止了威胁与恐吓"。

· · · · · ·

① 比尔·哈利（1925—1981），美国摇滚音乐家，被认为是第一位因摇滚乐而受众人喜爱的音乐人。——译注
② 江利智惠美（1937—1982），日本歌手、女演员。——译注
③ Rokabirī是日语罗马音，等同于英文中的Rockabillies，即"洛卡比里"，意为乡村摇滚。——译注
④ Carol and the Cools是日本洛卡比里乐队，被认为是两个最早在日本推广洛卡比里音乐的乐队之一。——译注
⑤ 亨利·温克勒（1945— ），美国演员、制片人、导演、童书作家，《欢乐时光》中方兹的扮演者。——译注

摇滚起来的机车夹克

西蒙·雷诺兹在他的《复古狂热》（*Retromania*）中探讨了1950年代的所有东西是如何在1980年代与1990年代转变成"酷"的暗号的："这些风格现在代表的……就是风格本身。它变得经典、有品味。"[20]《Kiss》里的普林斯和《Bad》中的迈克尔·杰克逊都使用了这种形象。在《终结者2》里，阿诺德·施瓦辛格穿的是一件机车夹克，加上一台哈雷摩托车作为配件——这是半机械人眼中能在美国"不起眼"的办法。还有在1986年的《True Blue》中身穿机车夹克的麦当娜，她颠覆了白兰度的传统，为机车夹克融入了梦露式的性感。

就算被过分提及，这种观念还是具有它的普遍意义。雷诺兹例举了1987年《Faith》录像中的乔治·迈克尔，迈克尔的服装——铆钉皮夹克，李维斯牛仔裤、牛仔靴和墨镜帮助他打进了美国市场，这是一个英国人采用美国式象征符号，然后自信地把这套回销给美国的成功案例。[21]采取类似做法的人还有切斯尼·霍克斯①和Bros乐队②。

重金属也不缺这种自信。像铁娘子、摩托头、金属乐队、犹大圣徒和邦乔维都穿着一样的皮夹克出现在音乐录像和壮观的直播演出中，而且还经常配上令人印象深刻的发型。他们的皮夹克有加量的铆钉、四四方方的肩膀与短版的轮廓，设计精髓就是要让服装看起来像响起来的音乐那般震耳欲聋。犹大圣徒的主唱罗伯·哈尔福德就以穿着皮衣、骑着摩托车冲上舞台而闻名。他有一件给人深刻印象的铆钉机车夹克，上面缀有骷髅头细节和流苏。[22]如果粉丝没有

- - - - -
① 切斯尼·李·霍克斯（Chesney Lee Hawkes）生于1971年9月22日，是英国流行歌手、词曲作者，偶尔做演员。——译注
② Bros是1986年成立于英国的乐队，初创成员为一对双胞胎兄弟：玛特·格斯与路克·格斯。——译注

选择全套照搬，他们会穿上"战斗夹克"（battle jackets）——一种由皮革或丹宁制成的无袖马甲，上面贴着自己喜爱的乐队的徽章，这是重金属粉丝文化的象征。

同性恋男人们把机车夹克与牛仔裤、白T恤搭在一起，这种装扮是1980年代克隆风格（clone look）的一部分。部分同性恋女人也拥抱了机车夹克，艾米莉·斯皮瓦克在《穿在纽约》（Worn in New York）中写道：摄影师凯瑟琳·欧佩说1980年代中期，一件1950年代款式的机车夹克是她"第一件让我自我定义为皮衣恶客①的服装"。这种把传统意义上极具男性阳刚气概的物品转换到截然不同语境里的颠覆出现了，"我也喜欢想，在我之前穿它的人很可能是一名来自郊区的白人异性恋男子，五十岁左右，大概还骑台哈雷——穿机车夹克是他用来表达强硬凶猛的方式"。[23]

主流观点认为皮衣是女性着装的性感元素之一。像克洛德·蒙塔那、阿瑟丁·阿拉亚和蒂埃里·米格莱尔之类的设计师都使用皮革——一种在过去象征骑摩托车这样的男性消遣、与性恋物癖相关并以诱惑的方式紧紧贴合穿着者身体的材料。一开始，这种风格被视为危险的。蒙塔那的职业生涯开始于1970年代，他当时被指控从法西斯主义中汲取灵感，因为他的设计融合了黑色皮革与巨型宽肩。你可以猜到，他也从自己经常出没的皮衣俱乐部里获得了灵感。不管这风格是如何开始的，它都顺应了时代的潮流。时尚评论家蒂姆·布兰克斯在2015年说："那是男人和女人成为宇宙主宰的年代，蒙塔那做的衣服把人们打扮得像从天上跌落凡间的神明一样。"

1990年代，时装设计师们继续探索皮革并得出了合乎逻辑的结论——皮革与性恋物癖间的暗示就此被明确。乔瓦尼·范思哲在1992年的秋冬系列名

· · · · ·

① 皮衣恶客（leatherdyke）指同性恋女人或酷儿女性，对皮革制品（皮衣尤甚）有性迷恋，会穿着皮制品与其他女性开展绑缚与调教等行为。——译注

为"Miss S&M"，它以绑带、紧身胸衣元素、黑色皮革的大量使用和琳达·埃万杰利斯塔[1]身上的泛机车风格震撼了整个时尚界。在这场秀里，机车夹克是温和的，甚至是保守的，是道德沦丧到使人震惊的风格的终结。

其后，这种情势倒没有再继续震惊世人，它被淘汰了。在垃圾摇滚风格的时代里，机车夹克不再是众人的喜好之选，它太过于重金属，柯特·柯本的追随者们和朋友们更愿意穿上格子衬衫。在同时期的嘻哈界，帽衫或者棒球夹克是更常见的外装选择。自此，机车夹克被放逐时尚荒野的年月开始了。

回归初始的机车夹克

我在1990年代末、2000年代初步入成年，我很难想到任何一个我知道或者我欣赏的人在当时穿着机车夹克。派克大衣在英伦摇滚的世界里是最火的单品，而且夹克不适合出去跳舞的夜晚——在这种场景中，大家会认为把比基尼上衣当作真的上装来穿也是个不错的主意。

到了2002年左右，新一波独立浪潮的来袭改变了一切，当时浪子乐队、鼓击乐团和Bloc Party乐队等纷纷涌现。我记得自己去看过浪子乐队的演出，它给我留下了吉他、汗水、洒出来的酒水和皮夹克混杂在一起的模糊印象。艾迪·斯理曼把机车夹克带上了T台，不过和1950年代油头飞车党或者1980年代"重金属"们把它当作夸张的男性气概工具不同，斯理曼的机车夹克"缩

· · · · ·

[1] 琳达·埃万杰利斯塔（1965—），加拿大时尚超模。——译注

水"了——他的设计诘问了"做一个男人"的基础本质是否取决于拥有强壮的身体，或者喜欢摩托车维修之类的事情。

2000年代大概是机车夹克终于在女性衣橱里现身频率与男性衣橱一样多的时代了。它出现在Comme des Garçons①的2005年春夏系列里——该系列融合了机车夹克与芭蕾舞伶的芭蕾舞裙，它也出现在克里斯托弗·凯恩，甚至香奈儿的设计中。斯坦芬妮·克拉默在写到Comme des Garçons系列时说，机车夹克是"一款可以融合'软'之缩影与'硬'之精髓的服装"。24阿格妮丝·迪恩是当时最红的模特，她常在一层层的薄纱外穿上机车夹克，把这种冲击变成了自己的标志性红毯代表。

这种风格不仅仅属于名人，它是该时期大部分女性的衣橱哲学。谷歌图像搜索中的任一相关照片，都能够证明混搭风格适合iPhone的时代。珍娜·莱昂斯②是精明地将美国服装零售商J Crew融入对比美学且带来巨大成功的女人，她就曾形容自己是"一个机会均等主义的服装穿着者"。她热爱机车夹克，但可能会把它和亮片长裤一起穿到红毯上，或者混搭上雪纺穿到时装秀里。你也可以玩类似的穿搭把戏，比如，一件1950年代连衣裙配上Air Max运动鞋，或是一件男款衬衫搭上细高跟鞋。

机车夹克逐渐朝向我们如今熟知其风格多变且经典地位不可动摇的方向发展。2010年，模特们在秀场外的街拍助力机车夹克登上了流行顶峰。在街拍摄影师的记录镜头下，年轻模特们穿着紧身牛仔裤、黑色T恤、机车夹克和机车靴子，这些衣物的低调本质意味着它们很快就被不以走秀为生的女性们接纳。在我之前写过的一篇关于秀场外模特风格趋势的文章中，造型师朱莉娅·萨尔-贾莫伊斯称这是"一种易达成的风格，人们都想做起床后穿上套头衫就能

......

① Comme des Garçons是日裔设计师川久保玲的服装品牌。品牌名称为法语，意为"像小男孩一样"。——译注
② 珍娜·莱昂斯（1969—），美国服装设计师、商人。——译注

出门的女孩，不管这是否现实"。这种"易达成性"或许能够解释机车夹克如今远离其公路起源地的现象。2013年，劳拉·克莱克在《时代》杂志中写到她接送孩子上下学的经历："我是在操场上，还是在地狱天使的集会里？穿着黑色

"触手可及"：
2015年卓丹·邓诠释秀场外下班后的模特打扮

机车夹克的潮妈少妇们站在我周围，光泽的长发搭在她们的皮衣肩部，像漂亮的艾克索·罗斯①们。"

作为现代女性胶囊衣橱中的一部分，机车夹克不同寻常。它不像迷你裙、细高跟鞋或者小黑裙，它不是关于性的，它是一种通过与"硬"对比从而凸显出女性气质的手段，这使它成为真正稀有的东西——适合全年龄段女性的时尚单品。正如有影响力的零售专家简·谢佛德森告诉克莱克的一样："穿机车夹克是一种观念，它不受年龄等局限，它可以为一个人的装束提供任何其他夹克都不能给予的前卫锐度。"

与大多数和年龄主义相关的服装案例不同，事实上，现在反而是穿机车夹克的男性在承担被指指点点的风险。机车夹克曾被视为充斥着睾酮的物品（想想穿着机车夹克的马龙·白兰度、乔治·迈克尔，甚至还有皮特·多赫提②），现在的它，散发出一股中年危机的味道——就像文身和跑车一样，是试图重拾青春的最后一搏。杰里米·克拉克森、詹姆斯·梅和理查德·哈蒙德都是《英国疯狂汽车秀》的前任主持人，不管他们喜欢或承认与否，他们就是这种风格的海报男孩。后来克里斯·埃文斯在2016年接手该节目时，数码间谍③发布了前主持三人组的特辑——"丑皮夹克的历史"。

"1%"的人还在持续地给摩托车骑手群体招来恶名。摩托车俱乐部们——例如地狱天使、蒙古帮和恶棍之徒，他们之间的暴力行径在近年来逐步增多。2015年德州发生的一场冲突导致9人丧命、18人受伤。小规模冲突则更是频繁。机车夹克在这种语境下还是标明同盟的方式——它通常会带有穿着者所属俱乐部的标语，但也可以发出类似于纳粹党卫军双闪电标志的极右翼信号。

· · · · ·

① 艾克索·罗斯（1962—），美国歌手、音乐人，曾是枪炮与玫瑰乐队的主唱。——译注
② 皮特·多赫提（1974—），英国音乐人，是浪子乐队的主唱。——译注
③ 数码间谍（Digital Spy）是一家英国的娱乐和新闻网站，创建于1999年。——译注

前卫的前卫

如今，摩托车骑手间的冲突现场是一个你能看到机车夹克的地方，但它远不是唯一一处。你可能会在周日享用午餐的小酒馆里看到机车夹克，或者在一场演出中——它被一位母亲或是她青春期女儿穿着的概率是一样的。2014年，在金·卡戴珊和坎耶·维斯特的婚礼上，两位穿了情侣款的机车夹克，维斯特的背后写着"Just"（新），卡戴珊的那件则是"Married"（婚）。莎伦·奥斯本、海伦·米伦和苏珊·萨兰登，甚至还有赛琳娜·戈麦斯、吉吉·哈迪德和佐伊·克拉维兹都穿着机车夹克。坏痞兔、花花公子卡地、法瑞尔·威廉姆斯、哈里·斯泰尔斯和贾登·史密斯等男性音乐人也都穿上了它。Mango、Hollister和ASOS①的消费者们也是如此。对于在乎可持续发展理念与动物福祉的一代人来说，纯素皮革是一种日益增长的替代品——它们对环境产生的影响仅是皮革的三分之一。像斯特拉·麦卡特尼之类的设计师使用纯素皮革已经有一段时间了，它现在被更加广泛地采用，连Boohoo②都推出了纯素皮革材质的机车夹克。人们预估到2025年时，纯素皮革的产业总值会达到896亿美元。

机车夹克如今可能是阐明非主流文化巨头如何转变成主流的教科书级别的案例，米克·法伦在他的《黑色皮夹克》（*The Black Leather Jacket*）一书中写道："机车夹克几乎是个悖论——这么一件象征了与'异性恋文化'分离的标志性服装单品，却受到如此普遍的接纳与欢迎。"[25]

· · · · · ·
① Mango、Hollister与ASOS都是时尚快销品牌。——译注
② Boohoo是2006年创立的英国潮流时尚电商，以青少年为主要顾客，是比传统快时尚更快的"超快时尚"。——译注

现在如何穿着机车夹克

不要白T恤，不要牛仔裤

我理解，这种搭配听起来很诱人。但是因为《欢乐时光》里的方兹，现在这种马龙·白兰度式的装扮看起来太像你要去参加化装派对了。混搭是你的好选择，比如机车夹克加上印有花朵图案的吊带裙就会看起来很棒。记得穿运动鞋，别再穿机车靴。

二手带来更多真实

一件老的朋克机车夹克比一件高街的有更多的纪念内涵。挑件好的，为它开通eBay会员、定闹钟抢货都是值得的。Lewis Leathers和Schott都是很好的牌子，如果你预算足够的话，"艾迪·斯理曼"一定要成为你的搜索关键词。祝你好运。

了解你的参考

从范思哲秀台上的琳达·埃万杰利斯塔、红毯上的阿格妮丝·迪恩，以及婚礼上的金与坎耶身上学习吧，他们的机车夹克搭配会给你带来灵感。芭蕾舞蓬蓬裙、修容明显的妆容和恋物癖式的绑带倒不是必选项。

动物皮革不是必选项

纯素皮革是值得去深入了解的，不过除了它之外还有其他的替代品。克里斯托弗·凯恩用蕾丝和蛇纹雪纺做了机车夹克，这些面料为它带来了一种有趣和值得玩味的感觉。也许你没有足够的预算去购置设计师款式，但它们可以成为你的风格启示。

创意多一点

最好的机车夹克就是能表达穿着者想法与感受的那一件，这是很好达成的。买一件基础款，自己加上铆钉、徽章、补丁和更多的东西。你明白的，"战斗夹克"的概念并不止步于金属乐演出现场。

须知事项

● Schott品牌1928年开始发售的Perfecto款机车夹克被认为是有史以来的第一件机车夹克。大量摩托车俱乐部在退伍军人从二战战场失望归来后发展起来，这些人广泛地采用了机车夹克。1947年，美国加利福尼亚州霍利斯特市曾发生过一起不受控制的摩托车集会事件，致使社会为机车夹克穿着者打上标签，令机车夹克成为恐怖的象征。

● 马龙·白兰度穿着Perfecto One Star款机车夹克出现在1953年的电影《飞车党》中，该电影编排演绎了这些摩托车事件，让机车夹克走向了全世界。不仅美国的青少年们接纳了它，还有英国的机车男孩们，以及日本的洛卡比里们。

● 1970年代机车夹克出现在朋克反叛、同性恋情色和《欢乐时光》带来的怀旧情怀中。不过最后的这个例子令机车夹克丧失了它的时尚锐度——到了1980年代，它成了一种被普遍理解的"经典酷"符号，不再是令人生畏的东西。

● 历经1990年代的低迷后，机车夹克在2000年代中期重新出现在了年轻人的时尚雷达范围内，以及高级时尚的T台世界之中。它的全新诠释包括艾迪·斯理曼的"奢华独立男孩"，还有川久保玲的"芭蕾舞裙+机车夹克"新搭配。秀场外的模特街拍风格把机车夹克传播给了全世界所有的女性。

● 现在，纷争不断的摩托车帮派、莎伦·奥斯本、贾登·史密斯、高街购物者和素食主义者都穿着机车夹克。尽管有着超高的流行度，它仍然无可辩驳地是一种为任何穿搭增添时尚锐度的方式。

采 访

摄影师
阿尔文·基恩·王

在拍摄东京洛卡比里的摄影项目进行至半程时，阿尔文·基恩·王得到了一份需要短期旅行的工作。返回日本时，他的行李被开箱查验，海关工作人员在其中发现了洛卡比里第一人——"强尼"山下大悟（"Johnny" Daigo Yamashita）的一张CD——他正是王跟拍的对象。王回忆道："所有相关的海关人员都被叫了过来。当时在场的所有人都以为我携带了15千克海洛因，因为我身边有8个海关工作人员围着我问关于强尼的问题。"

山下是日本洛卡比里地下文化的领头人。在日本，这种文化已经发展了约有五六十年的时间，现在的它正经历一场新复兴。这名留着飞机头、穿着皮夹克、有着坏男孩典型打扮的音乐人带着他的乐队环游世界，从加拿大到英国巡演，出现在五秒盛夏乐队的音乐录像中，还在Instagram上有超过3万名粉丝。

在王的印象里，第一次接触到洛卡比里时，他还是一名从新加坡出发旅行的青少年。"我们的国家是一个很保守的国家，"这名摄影师说道，"所以，对于我来说成长是很困难的。我很怪异，一直渴求探知，离我最近并且能在文化与时尚领域激起我兴趣的东西来自香港和日本。我第一次去日本时就感叹'这些人真是太酷了'。"尽管他的父亲在最开始表示质疑，王的"怪异"最后还是得到了接纳，他现在为《ELLE》《时尚芭莎》和《i-D》等杂志工作。他在洒满阳光的纽约工作室里与我对话，身边环绕着摄影术捕捉的短暂瞬间。

年轻的王深受洛卡比里震撼。涩谷区的代代木公园里可以发现大多数的洛卡比里，还有穿着保龄球衬衫和百褶裙的洛卡比里女孩们。但是王说，日本文化与他成长的文化相似，都是很保守的："很多日本人的观念是固定的，对一个人应该做什么有着固定的预期。比如你应该找个工作、应该赚多少钱，又或者应该上学。"这意味着山下和他的朋友们"太突出了。假设你见到一个走在涩谷区的普通日本男性，穿着剪裁利落的得体西装、打着好领带、穿着无可挑剔的鞋子，然后你看到山下，穿着皮夹克、留着洛卡比里发型、抽着烟——这种对比是强烈的"。

这种风格对于洛卡比里而言至关重要，他们用机车夹克重新打造出原汁原味的1950年代的摇滚场景。王说："日本洛卡比里是你能找到最贴近猫王的东西了，他们迷恋于着装打扮，还会控制体重，因为他们不想看起来像发了福的猫王。"

山下希望把这种氛围分享给所有人。比如，他现在会在横滨跳舞，而不是酷味更浓的涩谷，他还会邀请人们加入。王认为洛卡比里永远都会吸引每一群年轻人，他若有所思地说道："尽管洛卡比里在社会中格格不入，但我认为很多日本人都有那种浪漫的想法——不在办公室里工作是件很酷的事情，我可以加入一个乐队，或者在空暇时间里造车。"事实上，这种自由精神的态度是有诱惑力的，"现在我们每天盯着破手机看，看假新闻……然后我们看到那群人真的在过生活、在乐队里演出、周游世界。他们可能不是百万富翁，但他们也许过着比我们大多数人都好的生活"。

小黑裙
THE LBD

  大多数女人都会记得她们的第一条小黑裙，我的来自塞尔弗里奇小姐①，它是PVC材质的，无袖，长度及膝。每次穿上它，我都感到自己有所不同。我可以穿着它混入人群，又保持一定的显眼程度；我可以看起来精致高雅，但因为它的PVC材质，还可以有一点叛逆。这，就是小黑裙的力量。在新冠疫情暴发之前的"真实"生活里，在自信能量②或亚历山德里娅·奥卡西奥-科尔特斯③之前，小黑裙只以它的首字母缩写"LBD"④闻名。当年那条PVC裙子早已找不到了，但我现在拥有数量足以令色彩爱好者震惊的小黑裙。它们是我穿去开会的衣服——比如长的、带袖子的款式，也是我参加派对的衣服——包括一件带有翻边设计的中古款，我觉得它有Studio 54里比安卡·贾格尔⑤的味道。有些小黑裙是出于感性原因留下的，例如一条来自我更好交际时期的紧身胸衣款马里奥·施瓦博⑥，还有一条我母亲在1980年代时拥有的丝绒鸡尾酒裙。

· · · · ·
① 即Miss Selfridge，英国高街时尚品牌。——译注
② 自信能量（Big Dick Energy）是一种低调的自信的生活态度，指一个人知晓自己的实力却不大肆宣扬。——译注
③ 科尔特斯（1989—），美国社会运动人士、"美国民主社会主义者"组织成员。——译注
④ "LBD"全称为Little Black Dress，即"小黑裙"。——译注
⑤ 比安卡·贾格尔是滚石乐队主唱米克·贾格尔的前妻。——译注
⑥ 马里奥·施瓦博（1980—），英国新锐设计师，2008年创立了以自己名字命名的品牌。——译注

"一种制服"：
香奈儿的"福特裙"刊登在1926年美国版《Vogue》杂志上

力量与可靠

　　终于，我像其他许多女性一样有了一条身经百战、经受过足量考验、永远不会辜负我的小黑裙。它是一条来自Monki的溜冰裙款，我穿着它去过所有场合，从工作上的大日子到第一次约会，等等。它不仅是舒适的源泉，也是变化多端的单品。裙子，或者说特定的裙子们，与本书中提及的其他服装不同，它们有着一种不可触及的魔力。裙子能够投射出你"想成为"的你，和正度过美好一天时的那个你。沙希达·巴里在《打扮：衣物的秘密生活》（*Dressed: The Secret Life of Clothes*）一书中写道："这些裙子不是永远完美的，它们会随着时间的推移逐渐过时或者变旧。但只要它们还合身，穿上它们我们就能感到自己可以撬动世界。"[1]

　　小黑裙有自己独特的超级能量。迪迪埃·吕多在其关于小黑裙的书中写道，小黑裙是一种"对立的联盟"，"幻想汇集在邪恶与美德之间"。[2]不过在一开始，实用性才是它的独特卖点。小黑裙的故事可以追溯至1926年的10月，美国版《Vogue》杂志刊登了可可·香奈儿的开创性设计。在我们眼里，及膝、长袖、黑色中国双绉制作的裙子虽然时髦，却不适合日常穿着。但在当时，它的颜色与简洁性就是创新的革命。《Vogue》杂志为这款编号817的设计起了"福特裙"这一绰号，致敬亨利·福特、他的Model T车型和他如今广为流传的名言——"只售黑色，顾客可以把车漆成任何自己所喜欢的颜色"。杂志还准确地预测到，这种裙子与相似款式会成为"有品位女性的制服"。

　　"福特裙"并不是香奈儿的第一款小黑裙。人们认为，她在1913年时的第一件服装设计作品就是一条带着白领子的黑色裙子。[3]1919年，英国版《Vogue》杂志形容她的黑裙子是"如今生活在巴黎遇到的普遍困难"的一种解决方案。[4]

悲痛、现实与启示

如果说香奈儿女士真的与竞争对手保罗·波烈①之间产生过口角纷争的话，那么人们将会从一个特别的角度，见证1920年代小黑裙成为标志性单品的历史。波烈是出了名的色彩主义者，据传，他曾问黑色爱好者香奈儿女士她是在为谁哀悼，后者回答："为了你，先生。"对于波烈来说很不幸，香奈儿是对的——波烈的时代结束了，而她的时代、她的小黑裙才刚刚开始。

正如我们所知，香奈儿女士是一个麻烦多多的角色，但她营销自己的天赋与判断风格临界点的精准度，使她可以自我定位为小黑裙背后的远见者。事实上，虽然是她让小黑裙成为新的、可以应付一切的、直至今天我们仍在购买的时髦象征，但她并非独行者，包括让·巴杜和普莱美夫人（Madame Premet）在内的其他设计师也制作了小黑裙。几十年来，女人们一直穿着黑色裙子，只不过并非那些会购买设计师款裙子的女性。除了用作哀悼以外，黑色是属于年轻的工人阶级女性的颜色，比如女佣、店员和其他类似的女性工作者。香奈儿把这一点当作幽默且出奇的策略来营销她的小黑裙，称"女性应穿得和她们的女佣一样朴素"。⁵

当你了解了香奈儿本人卑微的起点后，就会明白她这句话中蕴藏着更复杂的含义，这位设计师的背景或许同样可以解释她对黑色的痴迷。1883年，她出生在济贫院里，年轻的加布里埃②在母亲去世后，被修道院的孤儿院里浑身穿着黑色衣服的修女们抚养成人。童年时的她穿着黑色哀悼母亲，1919年时这颜

· · · · ·
① 保罗·波烈（1879—1944），巴黎设计师。——译注
② 加布里埃·香奈儿是可可·香奈儿的原名。——译注

色又重回她的生命之中——当年她长期以来的爱人阿瑟·卡伯①死于一场车祸。[6]
退伍军人、时尚记者柯林·麦克道威尔写道："后来，她称卡伯的去世带走了她
的一切，但也可以说他的去世令她获得了许多东西。"他认为香奈儿在悲痛及
哀悼中，黑色对她的吸引，与其他在第一次世界大战战场上失去丈夫的女性们
是一致的："卡伯的去世与战壕中的死亡一样暴力、悲伤，这使她与同性群体间
建立起了桥梁。"

　　后来，巴黎逐步走出战争的阴影并复原，但有超过60万名法国女性因战争
变成了寡妇。[7]如果说小黑裙中的"黑"是荒凉、悲伤、朴素、足以表达她们情
绪的，那么"小"则来自战时的面料紧缺与经济因素。[8]瓦莱丽·门德斯在《时
尚中的黑色》（*Black in Fashion*）中指出，1917年的一期《Queen》杂志在仅
仅一页杂志内容里就四次提及了"小礼服"。

时髦的颜色，叛逆的颜色

　　在1926年"福特裙"引起轰动后，小黑裙在经济大萧条的1930年代里发展
成一种富裕女性展示美德的工具。"悠闲的女性们采纳了店员女孩们所穿的那种
简单的黑色裙子，这种新出现的、在某种程度上而言大胆的风尚醒目地标志了
1930年代的精神，"安妮·霍兰德写道，"在它之前与此后都一样，社会意识透
过极致优雅的服装表达出来。"[9]霍兰德同样把小黑裙的故事部分归功于黑白电

・・・・・・
① 全名为阿瑟·爱德华·卡伯（Arthur Edward Capel），绰号为Boy Capel，英国马球运动员。——译注

影和其中的底层角色："（她们）和最迷人的女主角一样，这些好莱坞传奇中不起眼却必不可少的角色为小黑裙进一步增添了浪漫。

到了1940年代，小黑裙成了人们的日常最爱。1944年整个世界都陷入战争中，美国版《Vogue》杂志宣称："每十个女人中就有十人有一件小黑裙，且每十个女人中都有十人想再来一件——小黑裙能带领人们过上最好的生活。"[10]它同样是"战时英国实用服装系统"[①]里的一件单品。伊迪丝·琵雅芙[②]穿的也是一条黑裙子——一开始因为她没有其他可穿的，后来则是因为它的简洁，穿黑裙子可以让大家对她的关注集中在声音上。丽塔·海华丝是个相反的例子，她为1946年的电影《吉尔达》中的"哇"时刻穿上了小黑裙。她在片中饰演了一名报仇的少妇，自此，邪恶与美德之间的张力浮现在人们的视野中。

在这个时代里，克里斯特巴尔·巴伦夏加、伊尔莎·斯奇培尔莉[③]和克里斯汀·迪奥等设计师发展出了奢华版的小黑裙。迪奥先生格外迷恋于此，并锁定上了"鸡尾酒裙"这个词，"新风貌"系列中的Diorama裙子就使用了足足29码黑色绉纱。[11]"一条小黑裙对于女性衣橱来说是必不可少的，"这位设计师后来说道，"关于黑色，我可以写上一本书。"[12]伊夫·圣·罗兰可能已经写出了他的"黑色巨作"，他在迪奥的设计（克里斯汀·迪奥1957年去世后）中就包含一件黑色梯形裙[④]，1961年他为自己同名品牌设计出的第一件单品也是一条小黑裙，还有一条1966年的鸵鸟羽毛透视小黑裙——哈米什·鲍尔斯称它"早在解放乳头成为流行标签之前就做到了"。圣·罗兰也有关于黑色的精辟名

· · · · ·

① "战时英国实用服装系统"（Utility Clothing Scheme）是第二次世界大战时英国推广的服装系统，以应对面料短缺、劳工不足、消费力下滑等战时问题。——译注

② 伊迪丝·琵雅芙（1915—1963），法国最著名、最受人爱戴的女歌手之一，生于贫困家庭，父亲是马戏团团员，母亲是街头歌手。——译注

③ 伊尔莎·斯奇培尔莉（1890—1973），意大利服装设计师，被公认为两次世界大战间最杰出的设计师之一。——译注

④ 梯形裙是迷你裙的早期雏形。——译注

言，其中还包括令人感到困惑的这一句——"一位穿着黑色裙子的女人是一道铅笔印"。

不仅负担得起设计师服装的女性在穿黑色衣服，垮掉的一代，比如黛安·迪·普里玛①和她的巴黎左岸同类们也拥抱了黑色。作家、学者伊丽莎白·威尔森把它视为长远传统中的一部分。"很久以来黑色都是一种信号，一种反布尔乔亚的反叛信号，"她写道，"正是来自花花公子②与罗曼蒂克主义的综合影响，使它成为能够引起共鸣的反叛宣言。"13

哀悼、男子气概与女佣

在黑色衣物的历史中，其丰富的象征主义涉及了从邪恶、死亡、地位、波西米亚主义、宗教虔诚到情色主义的所有方面。自6世纪起，基督徒就穿着黑色以表哀悼，甚至罗马人在哀悼中也会穿上黑色托加③。14神职人员还有像香奈儿所在修道院的孤儿院中的修女们，他们的装扮为黑色赋予了宗教的虔诚感。以黑色形象出现的还有镰刀死神与女巫，这些在西方社会中根深蒂固的角色或许能够解释黑色与邪恶之间的关联。

把面料染成"真正"黑色的技术发展自1360年，这使得黑色成为一种奢华

- - - - -
① 黛安·迪·普里玛（1934—2020），美国诗人、艺术家、教师，她以与垮掉的一代的关联而闻名。——译注
② 原文为Dandy。Dandy在中文中通常译为"花花公子"或"纨绔子弟"。Dandy概念自18世纪诞生以来被文学家与哲学家们认为是一种对自己整体外貌极度重视的态度，不仅是衣着，也包括行为举止与谈吐。它起源并普及于上流社会，在Dandy最盛行的19世纪，代表人物包括王尔德、拜伦、波德莱尔等。——译注
③ 托加（toga），或称罗马长袍，是罗马人的身份象征，只有男子才能穿着。——译注

的颜色。归功于勃艮第公爵菲利普三世（"好人菲利普"），黑色在1419年开始流行。穿着黑色的公爵一方面是为了哀悼他那被暗杀的父亲，另一方面是为了区别于打扮鲜艳的宫廷。[15]

黑色就这样在欧洲流行开来，并作为一种彰显严肃、富有与品味的信号传到了西班牙贵族中。1528年，巴尔达萨雷·卡斯蒂廖内①在《廷臣论》②中详细地描述了文艺复兴时期意大利的生活。他建议为了达到"谦逊优雅"的气质，有抱负的信使应该穿上黑色，这样既能在贵族圈子中获得一席之地，又能符合服务于贵族圈子的要求。

哈姆雷特在哀悼父亲时穿的就是黑色服饰。17世纪，黑色在英国国内与美国的定居者间都成为清教徒们表现谦逊的象征。在荷兰，如同伦勃朗与弗兰斯·哈尔斯画中所绘，黑色是上流社会的选择。艺术史学家贝特西·威斯曼告诉《卫报》，这样打扮是因为黑色代表了"清醒和谦逊，而且同样重要的是它很时尚"。说到黑色，所有的特质总是这般交织在一起。

到了18世纪，黑色出现在了社会上各阶级的人们身上，1700年左右的财产清单显示33%的贵族与29%的家仆穿着黑色服饰。[16]浪漫主义诗人也穿黑色服饰，那是他们表现多愁善感的方式。据传，拜伦1914年的诗作《她走在美的光彩中》就写于他遇见堂兄的妻子安妮·威尔摩特之后，当时威尔摩特身上的哀悼裙不但说出了她的哀伤，也让她看起来异常动人。花花公子们，比如夏尔·波德莱尔③、博·布鲁梅尔④和利顿勋爵⑤把黑色带进了更戏剧化的境界。[17]虽然当时也

· · · · ·

① 巴尔达萨雷·卡斯蒂廖内（1478—1529），文艺复兴时期的欧洲诗人。——译注
②《廷臣论》（The Book of the Courtier）体现了文艺复兴时期人文主义思想文化的内涵和特征。该书不仅享誉当时的文坛，还对欧洲思想文化进程产生了深远影响。——译注
③ 夏尔·波德莱尔（1821—1867），法国诗人，象征派诗歌先驱。——译注
④ 博·布鲁梅尔（1778—1840），英国社交名流，男士时尚领袖，后逃亡法国。——译注
⑤ 爱德华·罗伯特·布尔沃-利顿勋爵（1831—1891），英国政治家、保守党人士、诗人，1876—1880年任印度总督，也是1887—1891年的英国驻法国大使。——译注

有人谴责黑色是种悲惨的趋势，但纽约时装技术学院博物馆馆长与总策展人瓦莱丽·斯蒂尔说要感谢黑色与死亡间的关联，它让波德莱尔"接纳并夸大"了这种元素。怪不得，在波德莱尔逝世一百五十年后，The Conversation①称他是"哥特的教父"。

对于男性来说，黑色是时尚或者前卫的，但对于女性而言，穿着黑色的女性如果不是寡妇，就是19世纪以来的女佣。今天，在高级酒店的女佣身上，我们还能发现黑色制服与服务行业之间的关联——这一切都可以追溯至那个时期。19世纪前，女佣与女主人会各自穿上她们自己的衣服。但随着色彩鲜艳的印花与面料在维多利亚时代越来越便宜，一目了然的平价服装出现了，这意味着有时不可思议的事情会发生——女主人和女佣会被混淆、错认。黑色明确地避免了所有误会，它确保每个人都知道她们的位置。1880年代关于家仆服务的书籍《卡塞尔家庭指南》（Cassell's Household Guide）就推荐家庭女佣们穿"极深色或黑色的法式斜纹连衣裙"。

在美国，打扮时髦的商店年轻女店员形成了一股潜在威胁，她们动摇了衣着华丽的上流社会女性的风格霸权。那时黑色还被视为不体面的和哀悼专用的颜色，用黑色局限住这些时尚世界的"闯入者"们就等于把她们放进了背景板中。1892年，商店店员罗斯·德·哈文在《旧金山呼声报》中称黑色"毫无疑问，是一个人在生意场上能穿的最糟糕的东西"，她抱怨黑色有多么不吸引人，让店员女孩们看起来就像寡妇一样。

与此同时，在英国，1861年维多利亚女王的丈夫阿尔伯特离世后，她从头到脚穿上黑色服饰以表缅怀，致使女性哀悼着装规则达到了最大效应。她们会根据自己的社会阶级来遵守特定的习俗，这就意味着在丈夫去世两年之内要穿

· · · · ·
① The Conversation是澳大利亚的非营利性媒体，网站内容来源于研究及学术界，建立于2011年。——译注

上"全哀悼",即全身只有黑色,之后可以转为"半哀悼",着装中允许出现一点点白色和紫色。[18]上流社会的女性们还会在哀悼装扮中点缀上装饰品,比如墨玉串珠。被黑色包裹的寡妇们代表了当时的时尚消费者中很重要的一个群体。[19]

如果一位上流社会的年轻女性不是出于哀悼穿上黑色裙子,她就会传出丑闻,也许因为这样会扰乱社会秩序。在当时,黑色是仆人的颜色,而且女性气质通常是以粉彩色营造的,配以蝴蝶结和荷叶边(想想维多利亚时代蝶古巴特中的女孩们)。黑色裙子是固执的、不漂亮的、太过于朴素的,所以它是不墨守成规的裙子,是游离在常规之外的特殊裙子。

1878年,列夫·托尔斯泰小说中的安娜·卡列尼娜在舞会上第一次遇见渥伦斯基时穿的衣服的颜色是黑色,而不是社交规则期望年轻已婚女性应穿着的丁香色,这产生了极大影响。她的裙子被描述成"只是一个框架而已,只有她本人才是显眼的"。在伊迪丝·华顿[1]的小说《纯真年代》里,不传统的艾伦·奥兰丝卡同样身着黑色服饰参加名媛舞会。这样做的还有亨利·詹姆斯《一位女士的画像》中聪明且独立的伊莎贝尔·阿切尔。《X夫人》是1884年约翰·辛格·萨金特[2]为社交名媛戈特罗夫人画的一幅油画,画中的她身着黑裙。人们惊讶于他竟敢有让一位上流社会女性穿上如此朴素的无肩带黑色裙子的想法,《卫报》的艺术评论家乔纳森·琼斯形容它是"贵族的反布尔乔亚"。萨金特因为这幅画不得不离开巴黎,逃难至英格兰。它后来启发了电影《吉尔达》的戏服设计师让·路易,正是他为丽塔·海华丝创作出了那条获得满堂喝彩的裙子。

霍兰德说,托尔斯泰利用黑色裙子来表明他的女主角有着"敏锐的性准备与悲剧的特征"。黑色裙子不仅代表哀悼,还能彰显性感的事实,意味着它是风格、诱惑和悲痛的汇合点。这种张力在第一次世界大战中达到顶峰,当时,

. . . . .

① 伊迪丝·华顿(1862—1937),美国女作家。——译注
② 约翰·辛格·萨金特(1856—1925),其作品多描绘爱德华时代的奢华,是当时肖像画家中的领军人物。——译注

如果一位寡妇的哀悼服饰不够时髦（说明她没有尊重死者）或者太过时髦（说明她是个"假寡妇"），她都要承担来自社会的拒绝。[20]

香奈儿女士和其他设计师直面这一争议，在短短几年时间后完全调转了风向。莫德·巴斯·克鲁格在《法国时尚、女性和第一次世界大战》（*French Fashion, Women&The First World War*）中写道："寡妇裙子的性诱惑潜台词在战时受到媒体的评论和猛烈攻击，但如今却成了它最主要的卖点。"[21]1920年代更接受身着黑色服饰的女性，但还是伴随着一丝危险，这不仅代表她们不愿遵循规则，还带来一种无法抗拒的野性呼唤。难怪黑裙子变得如此受欢迎。

一种新标准

快进到1960年代，小黑裙已经拥有很明确的魅力与诱惑。欧洲电影明星们身着黑色服饰，其中包括莫妮卡·维蒂、安妮塔·艾克伯格、珍妮·摩露和凯瑟琳·德纳芙。尽管在1961年的电影《蒂凡尼的早餐》中扮演霍莉·戈莱特丽的奥黛丽·赫本穿的小黑裙，来自法国贵族设计师于贝尔·德·纪梵希的设计，但她为其带来了美式风格的融合。纪梵希的这款设计至今仍是理想型小黑裙的缩影，它在2006年卖出了80.7万美元的价格。无论过去还是现在，它都是有品位的、优雅的、性感的。

不过，这些并不是青年地震成员们所关心的——她们想看起来像她们本来那样年轻，于是她们发现了色彩的力量。尽管基础准则是"越鲜艳越好"，但

三是有魔力的数字：
至上女声组合的成员玛丽·威尔逊、戴安娜·罗斯
和弗洛伦斯·巴拉德穿着配套的小黑裙

色彩之外也有特例：黑色裙子出现在玛丽·奎恩特的设计系列中[22]和芭芭拉·胡拉妮基的Biba品牌里[23]。在至上女声组合发给粉丝们的肖像中，组合成员们穿着配套的黑色裙子。还有1963年忧伤的杰奎琳·肯尼迪，她身着黑色衣服、头戴黑纱出现在丈夫的葬礼上，构成了那个年代里最令人难忘的图像之一。[24]

即使有了这些小黑裙时刻，时尚产业也开始对它烦躁不安起来，1963年的《伦敦晚旗报》写道："这太明显了，难道你还没有受够它吗？"[25]小黑裙太过于随处可见，甚至芭比在1964年也拥有了属于她的小黑裙。1968年，"丧钟"被敲响，那一年巴伦夏加退休，时尚界普遍的想法是，小黑裙身上的某种有关简洁、优雅与结构的理想随着巴伦夏加一起退休了。

1970年代，青年文化以巴伦夏加先生不会欣赏的方式复活了小黑裙。朋克们用橡胶（和我在塞尔弗里奇小姐购入的那条不同）、垃圾袋、破洞元素和安全别针制作小黑裙，迪斯科为之带来颓废和一丝满不在乎的态度，还有像帕洛玛·毕加索和葛蕾丝·琼斯这样穿着立体剪裁设计的女性。然而，在随后的年代里，黑色真的回归了。

穿着黑色的年代

小黑裙在1980年代拥有了一切。它的性感意味自"X夫人"们开始，在一种又短又贴身的"紧身裙"（bodycon）上格外明显。紧身裙们出现在赫尔穆特·纽顿的摄影中、罗伯特·帕尔默的《Addicted to Love》音乐录像里和很多普林斯的门生们身上。不可否认的是，紧身裙确实是男性凝视，但它表达出的女性性感也充满着力量。南希·麦克多奈尔·史密斯评论这种风格"与其说是经典，不如称为危险"。[26]

　　与艺术、波西米亚主义者或者有钱人——怎样说都行——有关的黑色，后来发生了更具实验性的改造。1980年代早期，川久保玲的Comme des Garçons、三宅一生和山本耀司等日本品牌开始在巴黎展示系列作品，为时尚带来一种全新

来Batcave见我：
1980年代，哥特乐趣与葬礼对黑色的采用

的、抽象的、雕塑化的手法。这些系列中黑色的用量是故事中的重点。1986年，设计评论家德扬·苏迪克曾说，川久保玲的衣服是"把伦敦、纽约、巴黎和东京每一处时尚聚点都转变成全黑幕墙的单色极简主义浪潮的背后推手"。[27]山本耀司称，色彩的使用是日本文化与历史中的一部分："武士精神是黑色的。武士必须能够把自己的肉体投进虚无之中，而虚无就是黑色的。不过农民们同样也喜欢黑色或是深色的靛青，因为……这种染料对身体有益，还能让害虫远离。"[28]

门德斯表示，日本风格的涟漪效应意味着黑色也是该时代"权力着装"中的一部分。她写道："这些革命为女性服装开辟了新方向，它的冲击是巨大且深远的。"[29]黑色成为艺术、商务和时尚人群的平常之选。不过到了1980年代末期，连川久保玲都准备好了迈出新步伐，1988年时她宣称："红即是黑。"

1980年代出现了另外一种黑色。哥特地下文化——波德莱尔的教子、教女们，在1980年代初开始现身于英国街头和伦敦的Batcave①、Slimelight②等俱乐部里。如苏可西·苏③与仁慈姐妹乐队中的帕特里夏·莫里森④这些哥特贵族所展示的那样，黑色作为被选择的色调灵感来自哥特惊悚小说、哥特音乐的暗黑杂音、《亚当斯一家》等刻奇⑤风格。哥特的黑色是尖锐的——比如皮革和PVC，它也可以是浪漫的——比如层层叠叠的蕾丝，通常搭配上足以吓倒香奈儿女士的妆容。有趣的是，这种对黑色的采用保留了下来，被黑色簇拥的哥特们至今仍是街头上与Reddit⑥子版块里熟悉的风景。

· · · · ·

① Batcave直译为"蝙蝠洞"，是1982年伦敦市中心迪恩街69号每周举行的俱乐部之夜，被认为是南英格兰哥特文化的发源地。——译注
② Slimelight是伦敦Electrowerkz俱乐部以暗黑哥特为主题的活动之夜。Electrowerkz是一座有三层空间的音乐演出场地，坐落在伦敦的伊斯灵顿地区。除了常规的俱乐部活动外，它还举办包括Slimlight在内的各类活动。——译注
③ 苏可西·苏（1957—）是英国苏可西与女妖（Siouxsie and the Banshees）乐队的主唱。——译注
④ 帕特里夏·莫里森（1958—），美国贝斯吉他手、歌手、作曲家。——译注
⑤ 刻奇是一种被认为低俗的艺术风格，是高雅艺术的反面。用于形容大量使用流行元素产出的艺术或设计。此视觉风格惯常使用浮夸的物件或装饰，以达到让大众认为很时尚的目的。——译注
⑥ Reddit是一个集娱乐、社交与新闻于一体的网站，注册用户可以在网站上发布内容。——译注

思考者和一夜成名的人

　　如果说1980年代的黑是变化的、多元的，那么1990年代它的严肃与性感则脱颖而出。在严肃这一点上，唐纳·卡兰、卡尔文·克莱恩、海尔姆特·朗和缪西娅·普拉达等设计师把黑色裙子变成了极简主义的东西。他们的设计在适用于女性生活的同时，也以非常普拉达的方式评论了女性的日常生活体验。永远博学的缪西娅说："对于我而言，设计一条小黑裙，就是试图通过一件简单平凡的物品表现出女性、美学与当今时代的复杂多面。"

　　一条黑色的普拉达裙子大概难以让人惊掉下巴，但是一些1990年代的小黑裙们确实做到了这一点。出任古驰总监时期的汤姆·福特让小黑裙成为点缀了优雅的性感美学中的一部分。1994年，戴安娜王妃让小黑裙出现在了皇室家族肥皂剧的中心位置。在得知揭露查尔斯王子与卡米拉·帕克·鲍尔斯长期保持婚外恋情的纪录片即将在电视上播出的当晚，戴安娜穿着一件性感、短款、露肩，勾勒出她健美身躯与骨骼结构的克里斯蒂娜·史坦博连①黑色裙子，出席了蛇形画廊的夏日派对②。她的照片覆盖了所有头版，《太阳报》的头条就是《他追求卡米拉后的梦魇》。很快，这条裙子就有了它的专属绰号——复仇裙。

　　同样在1994年，一位叫伊莉莎白·赫莉的女性穿着即将成为"那条裙子"的裙子去参加她当时的男友休·格兰特《四个婚礼和一个葬礼》的电影首映式。这条范思哲出借的小黑裙，侧面配有安全别针和直至大腿的开叉，把当时

......

① 克里斯蒂娜·史坦博连（Christina Stambolian）是出生于希腊的设计师，1970年代来到伦敦从事设计。——译注
② 蛇形画廊夏日派对（Serpentine Summer Party）是由蛇形画廊每年夏天举办的筹款活动，是英国伦敦社交季的重要事件。——译注

还默默无闻的赫莉投掷到了公众视野当中——这也是她在之后二十五年里一直归属的地方。"那条裙子"是如此著名，以至于它甚至拥有自己的维基百科页面。

那条裙子：
感谢她的小黑裙，伊莉莎白·赫莉在1994年进入公众视野

作为句号的小黑裙

随着2000年代到来，小黑裙成为被无休止地重新发明的单品。它在维多利亚·贝克汉姆身上是迷你的，在莉莉·艾伦身上是出乎意料的1950年代风格，在《Umbrella》音乐录像中年轻的蕾哈娜把它穿得像一件紧身胸衣，在凯特·摩丝身上又被演绎得很摇滚——2002年，她为镂空剪裁的巴黎世家小黑裙搭配上了香烟和毛茸茸外套。

虽然凯特的巴黎世家和"那条裙子"都曾让狗仔们激动不已，但它们都不大可能在数码时代里产生同样大的冲击力。有一种观点认为，黑色裙子在笔记本电脑和智能手机的屏幕上看起来"太平了"。

随着社交媒体成为时下最受欢迎的沟通方式，在现实生活当中留下第一印象的优先级让路给了网上的朋友们，这意味着颜色当道。设计师凯瑟琳·奎恩（Catherine Quin）在2014年发布了全黑作品系列，她告诉《金融时报》："图案、印花和颜色是最简单的去吸引关注、得到点赞和获取认可的办法——这是悲哀的。"

小黑裙在过去几年内重新踏上了回归之旅，令奎恩与其他许多人为之心情振奋。它的回归要部分感谢科技的进步，新的OLED屏幕的像素点更密集，可以更好地呈现黑色，这样即使不在现实生活中，你的小黑裙也可以脱颖而出。销量证明了它的影响：流行趋势预测公司Edited注意到，小黑裙的销量在2017年年初起至次年都呈增长态势，飒拉（Zara）网站上小黑裙类商品的数量从2014年到2017年间上升了145%。女性仍把它当作用来惊掉别人下巴的道具，2020年，阿黛尔在她的第一条Instagram帖子上展示了她令人震惊的减重成果，帖文配图正是一张她穿着小黑裙的自拍。据Lyst报道，这款裙子在阿黛尔发表帖子后的一个小时之内就售空了，而且，二十四小时内"黑裙"的全网搜索量上升了67%。

小黑裙曾是一种把女性局限在背景板里的服装，但现在的它成了陈腔滥调般的"性感着装"。2006年《市井词典》①中的一个词条形容小黑裙"唯一的目的就是勾引男人"。直到2018年，小黑裙与勾引男性之间的关联还在那里——当年披露出的主席俱乐部②的着装要求规定，在场工作的年轻女性须穿上短的、紧身的、带有透明侧边的黑裙子。虽然俱乐部现已关停，但同名服装品牌在2020年创立。猜猜在品牌首页上你能看到的第一件女性单品是什么呢？一条又短又紧的小黑裙。

与1990年代情况相同，小黑裙能为穿着者提供的不仅是性感，还有严肃。哈维·韦恩斯坦的罪行在2017年年末被揭露后，2018年金球奖红毯上的演员们就穿上了黑色裙子——不是为了彰显魅力，而是表达抗议。黑色裙子统治了红毯，与寻常的亮色与粉彩色彩虹形成了鲜明的对比。参与Time's Up运动③的部分一线演员，如瑞茜·威瑟斯彭、伊萨·雷、娜塔莉·波特曼和梅丽尔·斯特里普都穿上了黑色。身着黑衣的女权主义活动家，如蒲艾真④和莫妮卡·拉米雷斯⑤也加入了该运动的阵营。爱丽森·布里说："我穿着黑色站出来，同所有为遭受性骚扰与虐待发声的女性们团结在一起。"在这里，黑色是用来标明立场的方式，它用服装的语言告诉大家——"时间到了"。Instagram上，#why-

· · · · ·
① 《市井词典》（*Urban Dictionary*），又称《城市词典》，是一个解释英语俚语词汇的在线词典，创立于1999年。截至2010年，该网站已拥有486万条词汇定义。——译注
② 主席俱乐部（President's Club）是1985—2018年间，每年在伦敦举办一次的慈善晚宴。通常在多切斯特酒店进行，只邀请男性嘉宾出席，曾被视为伦敦社交季的重要活动。——译注
③ "Time's Up"直译为"时间到了"，是一场由好莱坞艺人发起的反性侵犯活动，与#MeToo运动相呼应。——译注
④ 蒲艾真（1974—），美籍华人女性，美国社会活动家、"全国家庭佣工联盟"总监。——译注
⑤ 莫妮卡·拉米雷斯，美国激进主义者、作家、民权律师、社会企业家。——译注

wewearblack①标签已被使用超过37000次。活动主义与小黑裙也在红毯上相结合，进一步动摇性别常规，看看2019年奥斯卡颁奖典礼上穿着燕尾服礼裙的比利·波特吧——这显眼的裙摆是会让安娜·卡列尼娜也感到骄傲的。

2020年，小黑裙是一种说出诱惑、权利与性暴力的道具。在米凯拉·科尔的复仇喜剧《我可以毁掉你》的最后一集中，科尔扮演的角色幻想着先诱惑后暴力杀掉侵害过她的强奸犯，过程中她穿的正是一条橡胶小黑裙，配以一双街斗靴——它把男性幻想彻底转变为纯粹的愤怒表达。这是全新形式的复仇裙，也是对永恒变化中的经典的全新诠释。因为就像1878年的安娜·卡列尼娜一样，小黑裙只是一个框而已——框内的画像如何，这全部取决于你。

· · · · ·

① #我们为什么穿着黑色。——译注

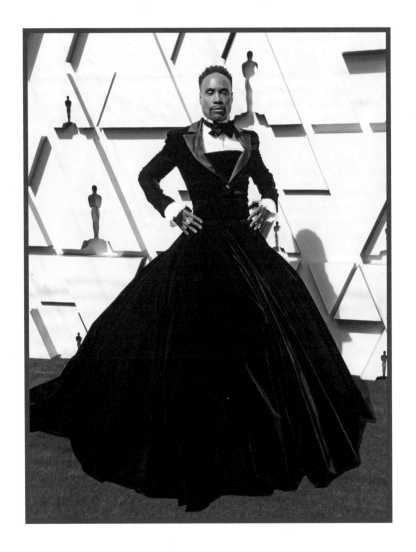

一件会令安娜·卡列尼娜感到骄傲的舞会礼服：
比利·波特穿着不那么小的黑色裙子
出席2019年奥斯卡颁奖典礼

现在如何穿着小黑裙

当作日常

这正是21世纪里小黑裙所能做到的，为你增添一种休闲、无所谓的态度。配饰方面可以考虑运动鞋、马丁靴、帽衫或者廓形大衣——通过它们来为小黑裙加入一点点的漫不经心。

多一些选择

小黑裙是一种适应性很强的单品——它可以性感，可以适合工作场合，也可以超级严肃。但是有些时候，一条小黑裙应付不来所有的场合。打造一个小黑裙的衣橱吧，让它们适合你从晚上出去玩、参加视频会议到每周购物等所有活动。

它并非无趣

是的，黑色确实是背景，但它同样也是时髦叛逆的颜色。接纳它的特质吧，无论当中哪一个吸引着你，这样才是你能找到最适合你的那条小黑裙的办法。

珠宝是你的朋友

看看《蒂凡尼的早餐》中的奥黛丽·赫本和1994年的戴安娜王妃——黑色与闪亮物件是绝配。没有时间低调行事，要么把场面搞大，要么干脆回家。墨镜也同样好用。

尽量避免与另一件黑色单品搭配

这样穿可能会让你看起来有点像正往家赶的通勤者。黑色和其他颜色在一起看起来很棒，想想圣·罗兰的例子，为黑色配上彩宝颜色——比如紫红色、紫罗兰或者玉色。加入一点金色的话会看起来非常贵气且充满魅力。

须知事项

● 小黑裙的起源通常被追溯至1926年的10月和可可·香奈儿的身上。当时，美国版《Vogue》杂志刊登了香奈儿的小黑裙设计，并出于对亨利·福特的敬意给它起了"福特裙"的绰号，杂志还称这类裙子"会成为所有有品位女性的制服"。

● 在这之前，类似的黑裙子已被大多数在服务行业与商店里工作的年轻的工薪阶层女性们穿了几十年的时间。不过它们并不是散发着魅力信号的小黑裙，它们的目的是确保这些年轻女孩们不会威胁到上流社会的风格霸权。黑色在那个时期是寒酸、邋遢的象征，是参加葬礼时的颜色。

● 自1940年代起，小黑裙成了流行的主体，但实际上黑色作为一种时尚宣言已被穿着长达几个世纪的时间了。1419年时的勃艮第公爵菲利普三世就是先锋，一身黑色打扮的他一方面是为了哀悼他那被暗杀的父亲，另一方面是为了把自己与衣着明艳的宫廷区分开来。

● 1980年代是黑色的关键时期。它出现在性感的紧身裙风格中，出现在富有的波西米亚主义者选择的川久保玲立体剪裁款里，也是伦敦Batcave等夜店里常见的哥特之选。哥特们保留下了他们对黑色的选择，现在，这种亚文化能在世界上任一角落和线上论坛子版块内觅得踪影。

● 现在的黑色裙子既可以是性感的，也可以是严肃的。看看韦恩斯坦事件之后的金球奖红毯吧，参与"Time's Up"运动的一线演员们，比如伊萨·雷和爱丽森·布里等，她们纷纷穿着黑色服饰走上红毯。布里说："我身着黑色站出来，同所有为遭受性骚扰与虐待发声的女性们团结在一起。"

采 访

视觉与材料文化历史学家
莫德·巴斯·克鲁格

　　莫德·巴斯·克鲁格拥有一份令人震撼的简历。邮件署名显示她是根特大学①艺术与哲学部门的教授，此外，她还做展览、出版书籍、主持几个研究项目，以及给《Vogue》杂志供稿。莫德·巴斯·克鲁格不仅有令人心生敬畏的纸上形象，她还有着很棒的穿衣风格。当我的目光投向她时，我看到了一个笑眯眯的年轻女人，留着类似解构后的海鸥合唱团（Flock of Seagulls）款发型，穿着黑白斑点的女式衬衫。

　　当然，这位教授非常了解她研究的东西——特别是小黑裙，以及黑色在哀悼活动中的角色。她为2019年出版的书籍《法国时尚、女性和第一次世界大战》（*French Fashion，Women&the First World War*）做过深度调研，书中生动地讲述了哀悼活动细节和法国社会对寡妇的那种"你做了也不对，不做也不对"的态度。她说："社会对于女性不断掌握更多权力抱有很大恐惧，所以任何男性可以用来抑制女性声音与力量的手段都被使用了，哀悼就是其中之一。"不过，对于这些女性来说，哀悼也确实是由衷的，她形容当时的丧裙——"它们是痛失爱人的纪传"。

　　莫德·巴斯·克鲁格说，战前的丧裙大致可以分为三个阶段：深度哀

・・・・・
① 根特大学是比利时学术排名第一的综合性研究型大学，也是世界著名的百强大学之一。——译注

悼、第二次哀悼和半哀悼。每个阶段持续三至六个月左右的时间，而且根据不同的哀悼对象，你需要遵循不同的着装要求和规则。当时的杂志还专门开设专栏，讲解与哀悼相关的时尚内容。这一切都随着战时伤亡人数的增加而扩大，她说道："穿得时尚是哀悼中很重要的一部分。"它关于你如何向外界展现你的哀悼，也关于你知晓自己应遵守的社会习俗。这主要是上流社会里的规矩，没有按预期行事会给她们带来严重的后果。"这会成为丑闻。"莫德·巴斯·克鲁格心照不宣地说道。

这位教授解释道，虽然黑色在那个时期里与哀悼联系在一起，但它叠加的含义引向了今天我们熟知的一种特质——诱惑。"店员女孩们的制服是黑色裙子，"她说道，"而她们，比如说在高级定制工作坊里工作的女孩们，在某种程度上会被认作妓女。"所以，迫于哀悼规矩而穿上黑裙虽是父权社会抑制女性进步的方式，但它也同样意味着对性的点头同意。

像大多数的时尚历史学家一样，莫德·巴斯·克鲁格很清楚香奈儿女士并不是发明了小黑裙的第一人。她说："香奈儿是一位很棒的市场营销者。如果你看当时的时尚杂志，不只香奈儿有黑色裙子，浪凡有，甚至WEEKS也有。"不过香奈儿小黑裙的极简设计给了她横跨大西洋的优势，莫德·巴斯·克鲁格补充道："她的轮廓设计广受美国时尚媒体的好评。美国人喜欢香奈儿在做的事情——我的意思是，她很有一种美式风格。"

莫德·巴斯·克鲁格说，哀悼仪式在法国一直延续到了1950年代："在同一时期里，你既能看到穿着小黑裙出去跳舞的年轻一代，也能见到从不会幻想在哀悼活动外穿上黑色裙子的祖母们。"

现在，我们穿上黑色裙子去蹦迪，去参加葬礼，去参加有正式着装要求的活动，去上班，当然还有——去给别人留下好的第一印象。这位教授也不例外："如果我去参加工作面试，我会穿上一条小黑裙。"

风 衣

THE TRENCH

2020年2月，米兰，我正坐着等待葆蝶家的时装秀开场，忽然间整个房间安静了下来——西格妮·韦弗①入场了，坐在戴夫·海恩斯和泰莎·汤普森的旁边。回过神后，我发现她穿的是一件风衣，然后看到海恩斯与汤普森也是如此打扮——事实上，包括我在内，许多来工作的人也都穿着风衣。不，当天并没有下雨，而这正显示出风衣在我们现代时尚中是无可争议的中坚力量。再一次，像Racked②2017年的头条所写："这件大衣永不过时，真的，永远。"

. . . . .

① 西格妮·韦弗（1949—），美国女演员、制作人，曾7次获金球奖提名。——译注
② Racked是一家零售与购物网站。——译注

行动中：
第一次世界大战中时任上尉的伯纳德·蒙哥马利
和他的战友身着风衣

一件适合所有季节的外套

风衣不是唯一一件起源于军队的现代便装，除了它还有威灵顿靴、西装，甚至腕表，但大概只有风衣还能从名字中向当代受众们透露着它的起源。[1]正如其名称所示，风衣①是军人在第一次世界大战期间的战壕中穿着的服装。不过与其他战争时期的单品不同的是，风衣设计的出现要早于它被投入战争使用之

· · · · ·
① 风衣的英文是"trench"，该词也有"战壕"的含义。——译注

前。它的根来自英国——在这片土地上，"一天中能经历所有季节"是常见的气象状况。苏格兰化学家查尔斯·麦金托什第一次普及了防水的概念，他尝试用三明治工艺把溶解的橡胶夹在两层布料之中。1823年，他为这项技术成功申请专利后开始生产大衣，并且在1824年于曼彻斯特开设了工厂。

麦金托什的牌子至今仍在，出售价格非常昂贵、优雅且具备实用性能的雨衣。但在一开始，它们算不上打扮得体的人们所需要的衣物。这些后来以"Macks"为人所熟知的雨衣并不透气，而且，在温度高的时候会散发出一股橡胶的味道。1836年，《绅士时尚杂志》（*Gentleman's Magazine of Fashion*）下达了可怕的判决："没有人能穿着这样一件外衣还能看起来像位绅士，它还有着最难闻的气味。"[2]

麦金托什和他的合伙人托马斯·汉考克[①]解决了设计上的缺陷后，绅士们开始购买"Macks"。有钱人消费这种衣物的购买潜力也被其他人看在眼里。1851年，约翰·埃马里在伦敦创立了雅格狮丹——品牌名的拉丁语是"水盾"的意思。两年后，该品牌生产出了"第一款防水羊毛"，英国军队在克里米亚战争中就使用了它。琳达·罗德里格斯·麦克罗比在《史密森尼》杂志中写道："这个拉丁名字反映出该品牌专注于为绅士设计潮湿天气里的装备。埃马里的'Wrappers'[②]很快就成了打扮得体，并且想在恶劣天气里保持体面的男性们的必备品。"

来自贝辛斯托克的二十一岁的布店学徒托马斯·博柏利，在1856年创建了与自己同名的公司——博柏利[③]。品牌官网上是这样介绍的："（品牌）基于衣物设计应保护人们免受英国天气影响的原则建立。"博柏利借鉴了牧羊人所穿

· · · · ·

① 托马斯·汉考克（1786—1865），英国橡胶工业创立者，发明了橡筋。——译注
② "Wrappers"是雅格狮丹品牌的衣服款式。——译注
③ 创立之初公司的名字是"Burberry's"，1999年品牌名称中的s被去掉，成为如今众人熟知的"Burberry"。——译注

的那种带羊毛脂涂层的罩袍，在1879年发明了华达呢，这是一种为每一缕棉线与羊毛涂上防水层而非整片式涂抹的面料。它轻便又透气，所以到了20世纪早期之际，包括欧内斯特·沙克尔顿和热气球探险家爱德华·迈特兰德在内的冒险家、沉迷于乡村活动的人们和布尔战争中的军官们都穿上了它。

同时期的雅格狮丹有着令人难以置信的客户群体——从威尔士亲王到妇女参政论者都是它的消费者。这家公司在1897年取得了皇家授权，1990年推出了女士款大衣。随着妇女运动的发展，雅格狮丹防风雨的功能和性能实用的剪裁大受欢迎，为伦敦街上游行的抗议者保持了温暖与干燥。

上战场的外衣

1914年7月，第一次世界大战爆发了。随着军事科技的发展，包括机枪与大炮（如法国M1897型75mm火炮）这样的武器数量的增加，士兵暴露在敌人视线中可能意味着死亡或者严重的伤势。战争双方自1914年9月起在西线战场挖的以法国为起点，一路延伸至比利时与德国的战壕得以让双方都能保持隐蔽，偶尔会有"从藏身的战壕中跳出来迎接敌军"的可怕时刻。到战争结束时，泥泞的、阴冷的、老鼠乱窜的战壕总长度达到了35000英里。

在战争打响的最初两年里，战壕中的人们开始穿上了风衣。风衣与外套相比更短也更轻巧，还有着便于运动的设计。它也更加防雨，肩膀上的披肩与腰上的带子都能防止雨水渗入，这在湿滑的战壕环境中至关重要。

风衣的颜色——卡其色，同样也有着与战斗相关的起源。现在我们认为迷彩的隐蔽性最强，但是历史上，直到1870年代，人们都是穿着鲜亮颜色的衣服参加战争的——这样方便分清敌我阵营。卡其色（Khaki）一词来自乌尔都语，意思是"尘土飞扬的"，它可以追溯到英国占领时期的印度、今巴基斯坦一带。故事是这样的：据说在1846年的白沙瓦，哈利·鲁姆斯登爵士想让他的军团在"尘土中隐形"，于是他从本地河流中取出泥巴，揉搓到白色的棉花上。³1857年印度兵变时，英军在战斗中采纳了卡其色，到了20世纪，它成了英军的日常之选。

雅格狮丹和博柏利都声称自己是生产了第一件风衣的品牌。雅格狮丹说它们是1850年代克里米亚战争中第一家为英国军队配备上防水装备的公司，而博柏利则是在1900年受英国陆军部委托设计轻量雨衣。博柏利的Tielocken设计在1912年获得专利，它带有如今我们熟知的风衣特征：两排扣、翻领与腰部的带子。Tielocken同样也有重量级的背书——博柏利在一则广告里宣称："最实用的抵御风雨的运动外衣，基奇纳勋爵之选。"

尽管风衣的故事以第一次世界大战中的军队英雄主义为中心建构，但实际上，它只被少数的特权群体穿着——只有上级军官们会从雅格狮丹和博柏利之类的军品供应商处购买风衣。与军队发放的备品套装不同，军官们被允许有个人化的风格，而且被鼓励要好好地打扮。他们代表了国家，是军队的精神面貌，是捍卫纪律与鼓舞士气的人。风衣从装扮上让军官们看起来如此，配上肩章，向众人展示他们的军衔级别。

时间来到1914年的圣诞节。此时，与低层级的士兵们相比，更多的军官战死沙场。这就迫使军队从他们从未涉及的中产阶级，甚至工人阶级群体中招募新军官。这些军官们的绰号是"暂时的绅士"，他们也会花自己的钱购买风衣，努力融入自己来自上流社会的同事们。不过，虽然"暂时的绅士"们可能欣赏风衣与有钱人之间的联系，但真正使风衣在战壕中受到高度赞誉的理由来自它的另一种特质——它可以让穿着者得以从恶劣天气中获得喘息。

　　"风衣"这个名字在1916年被确定下来——博柏利在广告中使用了"战壕保暖"的宣传短语，"风衣"一词也出现在了贸易刊物当中。1917年，雅格狮丹和博柏利都宣传它们的风衣是"即穿即走"的，同年，加入协约国的美国人也穿上了风衣。到了战争最后一年时，博柏利从巴黎把它们出售给英国和美国的军队。这家公司在整场战争中总共供应了50万件风衣。

　　军人不是唯一购买风衣的群体。雅格狮丹和博柏利，可能还有其他的品牌们，成立之初就是为非军职的平民设计的，所以即使在战时也一直保持着对国内普通民众的销售。雅格狮丹把当时的一个广告分成了两个部分，一部分针对军人——宣传它是"他们可以最大程度依赖的外套"，另外一部分则针对"女士们和先生们"。

"有点可疑的名声"

　　第一次世界大战造成90万英军阵亡（包含英属国家的士兵），还有200万人带伤返回家乡。不过在这千疮百孔的社会里，风衣的持久与可靠使得它们即使在战后也保持了流行。尼克·福克斯①在《风衣之书》（*The Trench Book*）中解释道，风衣"几乎证明了它们坚不可摧。消费者会穿着大衣长达数十年时

·····
① 尼克·福克斯，英国历史学家、作家和新闻记者，撰写过大量关于19世纪社会历史以及奢侈品史的文章。——译注

间，而且完全相信它们会比自己活得更久，意图传给下一代"。⁴

到了1930年代，风衣优雅的实用性吸引到了女性的注意力。这可能归结于该时期女性走出家门的时间相比过去有了大幅度的提升，所以，一件适合所有天气的衣物是时髦的。而且，在当时的时尚领域，腰线在"飞来波"后再次回归。博柏利、麦金托什和更多品牌制作了专门迎合女性市场的精美广告，凯瑟琳·赫本、玛琳·黛德丽和琼·克劳馥也穿着风衣出现在电影当中。

雷蒙德·钱德勒、达希尔·哈米特和卡罗尔·约翰·戴利等作家创作的硬汉小说①的兴起，标明了风衣朝向我们今天所熟知的它与侦探间的关联迈出了第一步。杂志封面上能看到这些侦探角色们穿着风衣，身旁通常伴随着一位衣着暴露、身陷险境的女性。

1940年代，硬汉侦探们从报刊亭里走到了电影银幕之上，风衣一路相随，这是它正式与侦探紧密结合的起点。亨弗莱·鲍嘉是风衣的理想搭档——他在1941年的电影《马耳他之鹰》中扮演萨姆·斯佩德，还穿着风衣出演了1942年的电影《卡萨布兰卡》和1946年的《夜长梦多》。记者们也穿着特立独行的风衣——总之，福克斯这样写道："这两个职业都享受有一点点可疑的名声。"⁵这种风衣侦探的原型现已非常俗套，以致发展成了喜剧，代表角色从彼得·塞勒斯扮演的糊涂大侦探②到四处漫游的新闻记者科米蛙③，后者是我个人的风衣偶像之一。

在鲍嘉扮演银幕中深邃性感的萨姆·斯佩德时，战争再一次在真实生活中爆发了。空战是第二次世界大战的重要构成部分，所以风衣不再是焦点，二战

· · · · ·
① 硬汉小说（Hard-boiled Fiction）于20世纪20年代末期在美国开始流行，主要以描写艰苦的环境和打斗的场面来赢得读者的喜爱。——译注
② 糊涂大侦探（Inspector Clouseau）是1968年法国电影《粉红豹》中的角色。——译注
③ 科米蛙（Kermit the Frog）是电视节目《大青蛙布偶秀》中的角色，是吉姆·亨森最为著名的角色，1955年首次登场。——译注

中主要投入使用的是飞行夹克之类的短款衣物。但是，风衣还是保留了它的一席之地。雅格狮丹供应风衣给盟军，希特勒与纳粹党也同样热衷风衣，盖世太保就穿着黑色皮质款——也许是事后诸葛，也许是七十年以来战争电影的渲染与描绘，但它们看起来似乎就预示着威胁与恐吓。

你必须铭记：
侦探装扮的巨头——亨弗莱·鲍嘉，穿着必备的皱巴巴的风衣

受尊敬的人与局外人

    1950年代见证了风衣成为男性体面、受尊敬的标志，是男人成功与道德高尚的象征。到了这个时期，风衣在英国中产阶级与上流社会中已经发展成为完善的服装品类，有公认的知名品牌，其中就包括1937年在曼彻斯特创立的Baracuta。Baracuta现在更以哈灵顿夹克出名，不过它曾在1949年发布Topliner款风衣，目标群体为想要从家里到办公室都给人留下好印象的男士们。它的一则广告是这样说的："来了位衣着考究的得体男士！"[6]

    1950年代的收腰潮流让风衣把握住了向女性推广的机会。电影再一次承担起了故事中的关键角色———一切都开始于战争中的女性形象。尽管玛琳·黛德丽在1948年的电影《柏林艳史》中扮演的是一位纳粹支持者，她还是成了女士风衣的开拓者。还有英格丽·褒曼，她在同年的电影《凯旋门》中出演了一位身处巴黎的难民，穿着风衣，还搭配上了一顶贝雷帽。后来，战争电影逐渐退出潮流，但是风衣作为时髦的象征被保留了下来。从《甜姐儿》开始，奥黛丽·赫本就是风衣的海报女孩。南希·麦克多奈尔·史密斯形容赫本提供了"一个识别另类女性角色的简单速写"，特别是当她穿上一件风衣的时候。[7]《蒂凡尼的早餐》中，拒绝墨守成规的霍莉·戈莱特丽昭示着这种观念的顶峰，她在倾盆大雨里寻找"猫"①的情节是20世纪中叶最耀眼的风衣时刻。这样的时刻绝对是我与其他成千上万女性们，每次在穿上风衣时都极度想营造出来的。

    到了1960年代，风衣和英国间的关联根深蒂固，且经济效益十足。博

· · · · ·

① 《蒂凡尼的早餐》中，霍莉·戈莱特丽给她的猫起名叫作"猫"（Cat）。——译注

倾盆大雨:
奥黛丽·赫本演示她那把风衣穿得极为好看的能力
——即使是在倾盆大雨之中

柏利声称1965年时，从英国出口的每五件风衣中就有一件是由该品牌生产制作的。风衣与法式风格间的联系——不只是糊涂大侦探——也在同时期建立了。伊夫·圣·罗兰自1962年起设计风衣，裁短它原本的设计并且改造成了黑色的PVC材质。他为1967年在电影《白日美人》中饰演高级性工作者塞芙丽娜的凯瑟琳·德纳芙设计了名为"ciré noir"①的风衣。在《美丽的坠落》（*The Beautiful Fall*）一书中，阿丽莎·德雷克形容这种风格是"颠覆性的时髦，以压倒性的胜利对抗了冷酷的保守主义"。[8]

威廉·S.巴勒斯也是如此。这位打扮成商务人士的作家（风衣是他装束中的一部分）写出了20世纪最具实验性的先锋小说，他海洛因成瘾，以同性恋男人身份生活，1951年玩喝酒游戏时意外把自己的妻子射杀。"为了避免怀疑，他打扮得完全相反——异性恋、书呆子气、守规矩，"特莉·纽曼写道，"这彻头彻尾的伪装得以让他的想象去漫游。"[9]约翰·沃特斯在1960年代时还是青少年，他说巴勒斯对他起到了塑形性的影响。2013年，纽曼引用了这位制片人谈及巴勒斯的话："他是同性恋，他是瘾君子，他看起来不符合他的内在本质……作为一名年轻的同性恋男性，我当时想，'终于，有了一个不乏味的同性恋男人。'"[10]

·····
① "ciré noir" 是法语，直译为"黑蜡"。"ciré"是一种应用于织物的面料轧光工艺，用蜡在高压与高温条件下打造出高亮的效果。——译注

超级苍蝇风格

　　1970年代的黑人剥削电影①使得风衣传播到另一类人群里。像《黑凯撒》《超级苍蝇》《黑街神探》《科菲》《龙潭虎穴杀人王》《骚狐狸》《黑手煞星》这些电影都以黑人英雄与黑人女杰为主角，且大部分的选角也都是黑人——这可是有史以来的头一遭。巅峰时期的电影原声音乐也是由黑人音乐家，比如詹姆斯·布朗、艾萨克·海斯、马文·盖伊和柯蒂斯·梅菲尔德录制的。

　　黑人剥削电影的故事情节通常围绕犯罪展开，在角色装扮上采用了风衣造型，一方面融入了四十年以来银幕上的侦探谱系，另一方面打破了所有男性侦探都应看起来像鲍嘉的白人至上主义的认知——至少看起来如此。理查德·朗德特里在扮演侦探约翰·夏福特时穿的是一件棕褐色的皮制风衣，《超级苍蝇》里朗·奥尼尔扮演的普利斯特也身着一款类似的设计，不过看起来是绒面革材质的。贡献了电影音乐的人们也穿着风衣：詹姆斯·布朗在《龙潭虎穴杀人王》原声专辑封面上穿着黑色皮制风衣，配了一把机枪作装饰。梅菲尔德和海斯也都喜爱它们。在《黑手煞星》上映一年前发布，现已成为经典的1971年的盖伊专辑《What's Going On》的封面上，他就穿着一件黑色PVC材质的风衣。

　　几乎从问世起，黑人剥削电影就遭受质疑。来自黑人群体的批评家们观察到，这些电影中的黑人角色经常被刻板化地塑造成与犯罪和性相关，而且黑人演员、黑人导演们也同样被白人操纵——白人负责剧本与制片出品。尽管这些问题无可否认，但2018年时学者陶德·波伊德博士在《卫报》中如是写道："这

· · · · ·
① 黑人剥削电影（Blaxploitation Movies）是于1970年代初出现在美国的电影类型，是剥削电影（Exploitation Film）的分支，该类型的创立与1970年代对种族关系的重新思考相呼应。——译注

经典偶像：
风衣出现在马文·盖伊1971年的开拓性专辑
《What's Going On》的封面上

个时代依旧是史上以黑人主题与黑人演员为焦点的最持久的时期。"他表示，这些电影"擅长独特地捕捉黑人身份新自由意识时期里的文化时代精神"。

黑人剥削电影曾非常流行，其中由戈登·帕克斯执导的电影《黑街神探》（1971年）是个中翘楚。对于这类电影来说，帕克斯是为数不多的几位黑人导演之一。《黑街神探》霸占了票房第一的位置长达五周时间，是当年总票房的第十四名。片中朗德特里的装扮是使电影获得成功的一部分，甚至后来还出现了名为"夏福特"的服装线。2019年，该片的戏服设计师约瑟夫·奥利西说，风衣的灵感来自帕克斯，因为他觉得风衣会在电影里看起来很棒。事实证明，帕克斯是对的。

为成功而打扮

如果风衣是黑人剥削电影用来发表声明的工具，那么我们更为熟悉的卡其色风衣款式则是男女白领衣橱中的核心组成部分——尤其是博柏利的，尤其是在美国。在1979年的电影《克莱默夫妇》中，扮演中产纽约客的达斯汀·霍夫曼和梅丽尔·斯特里普穿的都是风衣。在霍夫曼与他片中老板争辩的场景里，他说为了穿得成功，"你需要为自己买上一件博柏利的风衣"。

这在1980年代雅痞文化流行之后绝对是事实。"雅痞"一词最早出现在1980年，是对城市环境下年轻的专业工作者的统称。四年之后，《新闻周刊》宣称1984年是"雅痞之年"，预计有400万年龄在25—39岁之间，年收入超过4万美元的"雅痞"人群。正如霍夫曼扮演的角色所说，风衣是他们成功的象征。1987年的电影《华尔街》中，迈克尔·道格拉斯扮演的戈登·盖柯就穿着风衣，还有《上班女郎》中黛丝·麦吉尔从皮衣到风衣的转变，寓意了其社会地位的提升。福克斯认为，这可以追溯到风衣在战壕中的用途：穿戴者有意或无意地希望自己身上能沾上点"上尉"的气质——当然，"上尉"在今天的语境中已演变成了各行各业中的领袖们，既可能是"他"，也可能是"她"。[11]

为成功而打扮：
风衣是雅痞的外套之选，
梅丽尔·斯特里普在《克莱默夫妇》中对此进行了诠释

风格与颠覆

　　风衣不但成了雅痞的象征符号，也被那些绝不是雅痞的人兴许带着讽刺意味地穿上了。穿着风衣的有席德·维瑟斯、帕蒂·史密斯，还有欢乐分队的主唱伊恩·柯蒂斯。柯蒂斯穿着曾任政府公务员时的服装，其中就包括一件灰色风衣，却谱写着关于存在主义的阴郁歌曲。2019年的《An Other Magazine》①称："在符合标准的外层——刻板的、实用的制服之下，有着另外的东西，它是暴力的，使人失去控制的，它在等待着逃脱。"这引起了许多正在消化着"人生无常且徒劳"的年轻人的共鸣，他们开始打扮得如同他们的偶像一样。音乐记者西蒙·雷诺兹写道，这是一个"绰号为'无名邪教'的日益痴迷的追随群体，在刻板印象中，他们由激烈尖锐且穿着灰色大衣的年轻男性们组成"。[12]即使柯蒂斯1980年自杀身亡后，名人崇拜的狂热本质仍旧愈演愈烈。

　　然后就有了1980年的普林斯。在第三张专辑《Dirty Mind》的封面上，他穿着敞开的风衣、暴露的黑色底裤、过膝袜与高跟靴子——都是些离"适宜办公室的大衣"最遥远的东西。普林斯在音乐录像里，以在身着喇叭裙的年轻女性身上更常见的姿态风骚地转身。对于算是普林斯粉丝的我来说，这大概是我最爱的风衣时刻。

　　1981年普林斯在《新音乐快递》杂志与克里斯·萨利维奇的对谈中，他断言风衣是他"唯一拥有的大衣"，但别被骗了——这名歌手知道形象的重要性。他的声音在1980年代前半段的好时光里进化了，但是其标志性的铆钉风衣

· · · · ·

① 2001年创刊于伦敦的半年刊杂志，内容涵盖时尚、文化与艺术。——译注

巨星：
1981年普林斯将风衣与丝袜、吊袜带搭配在一起
——绝非体面打扮，但却有其绝妙之处

却被多样化地保留了下来——它在《Controversy》的音乐录像中是黑色的，在《1999》里是闪亮的，在《Purple Rain》中是紫色塔夫绸的。2016年时，服装设计师路易斯·威尔斯告诉《公告牌》杂志："我选择这种面料是因为它们能吸引人的注意力，至于风衣，是因为普林斯热爱风衣的戏剧感和合身度。你永远不知道风衣被吹开后，里面的究竟会是什么。"雅痞们在工作日里穿着风衣"投身战斗"，普林斯则察觉并玩转了这种包裹式设计衣物里暗藏的情色韵味，以及作为真正中性服装的风衣穿在女人身上时那因饱含性诱惑力而带来的兴奋震颤。就像麦克多奈尔·史密斯写的："黑色蕾丝胸衣和吊袜带都远比不上一件紧紧收腰的风衣。"13

　　直到今天，普林斯《Dirty Mind》中的风衣还是颠覆的、突破性的、精致入微的男性性感形象。普林斯2016年去世之际，弗兰克·奥申在汤博乐上向他致敬："他是一位异性恋黑人男性，在电视上第一次演出时穿的却是比基尼下装和及膝高跟靴，绝。他对自由的表达以及对性别常规等过时想法的不敬,让我对自己的性别认知感到自在。"当代的反馈显示出普林斯曾是何种程度上的颠覆者。在艾伦·莱特《让我们疯狂起来》（Let's Go Crazy）一书中，Ice-T①对他说道："我们当时不知道普林斯是什么。他酷到爆，他是个大坏蛋，他令人难以捉摸。"141981年时曾发生过更具攻击性的反响，那时穿着风衣与短裤的普林斯携他的乐队为滚石乐队开场。他们饱受了食物投掷的侵扰和种族主义及仇视同性恋者的辱骂，致使这场表演只持续了五分钟时间。后来成为乐队一员的温迪·梅尔沃因是这样说的："那是一群严肃的摇滚人群，他们不想看到一个穿着比基尼和风衣的黑人男性。"15不过，仅仅三年之后，他们就改变了主意——《Purple Rain》巡演在全世界范围内共计售出170万张票。

· · · · ·

① 即崔西·劳伦·马洛（1958—），以艺名Ice-T著称，1958年出生，美国说唱歌手、演员。——译注

罪恶、贵族、经典

准确来说，1990年代并不是风衣的沙漠——但是给我们留下的记忆时刻确实很少，且间隔很长。《至尊神探》中的麦当娜和沃伦·比蒂、《双峰》里的库珀探员、孩童时期的奥尔森双胞胎姐妹，还有年轻的科洛·塞维尼都算得上是高光回忆。不过到了1990年代末期，事情发生了变化。1999年，电影《黑客帝国》上映，它现已成为Z世代的风格参考。正是这部电影开启了一股长款、黑色、皮质或PVC材质风衣的潮流，即使片中只有劳伦斯·菲什伯恩出演的墨菲斯这个角色真的穿了一件。虽然并无关联，但在《黑客帝国》上映的同年，一件款式相似的黑色风衣与悲剧纠缠在了一起。它由策划了科伦拜恩校园枪击案的埃里克·哈里斯和迪伦·克莱伯德所穿，这两名青年在射杀十三人后开枪结束了自己的生命。一开始他们被认作是社会组织"风衣黑手党"的一员——该组织成员就穿着长款风衣，因此，许多学校在事件发生后的几个月时间里禁止风衣出现在校园内。

远离科伦拜恩的伦敦市中心，一个让博柏利风衣重归时髦的计划正在进行——虽然如今它们在奢侈品消费者眼中已成为平常之选。1997年，不景气的博柏利指派萨克斯第五大道精品百货店①的罗斯·玛丽·布拉沃为公司首席执行官。她上任后，到了2002年时，博柏利的市值从先前的2亿英镑提升至15亿英镑。布拉沃不但请来凯特·摩丝代言广告，还重新定位了品牌——从"Burberry's"改至"Burberry"，配上由法比恩·贝伦②设计的全新

· · · · ·

① 萨克斯第五大道精品百货店（Saks Fifth Avenue）是世界顶级百货公司之一。——译注
② 法比恩·贝伦是著名的艺术总监，为多个品牌打造了视觉标识，包括博柏利、飒拉、NARS、卡尔文·克莱恩等。——译注

品牌标识。布拉沃还将品牌标志性的格纹带了回来，令其出现在从风衣到比基尼的所有商品上，而且，她还在2001年任命了当时在古驰工作的克里斯托弗·贝利为新的设计总监。

贝利，这位来自约克郡、非常熟悉英国天气的小伙子，把风衣从通勤场景中带到了T台之上，还有广告里年轻贵族打扮的模特们身上。布拉沃彼时对博柏利格纹的重新推介，恰逢时尚界的标识狂热时期，常常被取笑、诋毁、起绰号为"chavs"①的工薪阶层年轻人穿上了这些图案。对于一个奢侈品牌来说，与该群体产生关联被认为是不适宜的。因此，格纹元素被弱化，风衣成为这个重新启动的品牌的招牌。它突出了博柏利的富贵传统，散发出一种《卫报》称之为"标准英伦范"的气息②。

甚至在博柏利之外，"标准英伦范"的风衣主宰了超过了一个时代的时间。凯特·米德尔顿穿风衣时系上了扣子，看起来很时髦。在《丑闻》中扮演奥利维娅·波普的凯莉·华盛顿处理危机时，身上所穿的也是一件风衣。它也是奥利维亚·巴勒莫③尽己所能用来留下奥黛丽·赫本式印象的衣服。据琳达·格兰特所写，风衣同样是适合特定年龄群体的单品，配上白衬衫和低跟鞋，"那些被消沉地称为经典的风格"。[16]

2016年下半年，事情发生了改变。当时金·卡戴珊在时装秀上被拍到穿着风衣和过膝靴，胸线展露在外——这大概会是普林斯点头认可的装扮。第二年的夏天，除博柏利外，风衣还出现在了唯特萌和菲比·费罗的赛琳秀场里。聪明的年轻人意识到这种风格复制起来很简单，于是借来他们父母的大衣，或者

· · · · ·
① "chavs"来源于吉普赛语中的"chavi"，意思是"小孩"。"chav"出现在21世纪初，是英国社会及媒体用来指代部分具有反主流社会倾向的青少年的刻板印象用词。——译注
②《卫报》原文为"An RP kind of Britishness"（RP的英国），其中"RP"是"Received Pronunciation"的缩写，意思是"标准英音"。它不是一种方言，是一种能被立即识别出的英式口音，也被称为"牛津口音""女王口音"或"BBC口音"。——译注
③ 奥利维亚·巴勒莫（1985—），美国社交名媛，2009年因参与真人秀走红。——译注

前排的风衣：
它出现在葆蝶家时装秀场里西格妮・韦弗、戴夫・海恩斯
和泰莎・汤普森的身上

在eBay买上一件。重要的是，他们没有遵循凯特·米德尔顿的方式。就像吉吉·哈迪德和蕾哈娜等明星们一样，年轻人敞开扣子穿着风衣，配上漫不经心的态度和"¯_(ツ)_/¯"①。

此趋势与博柏利的一项新人事变动巧合——贝利出局，里卡多·提西担任新总监，就是那个给纪梵希带去了帽衫和运动鞋的男人。在为博柏利设计的第一个系列里，提西推出了20款风衣。2019年时他曾对我说，他欣赏风衣在英国社会里是成功的象征。提西带着创意型人士的浪漫，无视了阶级之间的细微差别，把风衣解读为英伦文化里的一个必需品。"如果你在学校里表现好，在法国，你会得到一个香奈儿的包，"他说道，"在英国，你得到的会是博柏利的风衣。"澄清一下——1500英镑一件的博柏利风衣和香奈儿的包一样，在任何意义上都不是普通家庭的常规购买项。

当然了，现在风衣的选择范围很广泛，你可以用比买博柏利少很多的钱买上一件，也可以反其道而行之。它在时尚界的地位坚实稳固。2017年，梅根·马克尔穿着一件风衣宣布了她与哈里王子的订婚。2019年，阿森纳球员埃克托尔·贝列林也穿着一件风衣，声明了他在时尚领域的才能。当然还有葆蝶家秀场上西格妮·韦弗和朋友们——是他们说服了我重新找出风衣、敞开着穿，再添上一点新创意。我并不像普林斯一样勇敢，但每次穿上风衣时我都喜欢想，这样做是在对他微微表示敬意。

· · · · ·

① ¯_(ツ)_/¯是颜文字，在英文俗语中是俏皮意味的"我不知道"或"那好吧"。括号中间字符"(ツ)"代表倾斜的笑脸，两侧的竖线代表手臂。——译注

The Ten

现在如何穿着风衣

敞开穿

如今"商务"不再等同于"风格"。把风衣敞开穿，意味着你拥有符合时代精神的那种漫不经心的时尚锐度，就像过去几年间在街拍博客和街头上见到的那样。

试试ciré noir

你的灵感来源可以是圣·罗兰为凯瑟琳·德纳芙做的那件ciré noir，或者是马文·盖伊在《What's Going On》封面上穿的那件PVC。无论如何，闪亮的面料都会以极具吸引力的方式与风衣的军装剪裁相碰撞。

"不敬"是关键形容词

在过去，风衣是适合职场的服装，现下时髦的做法是让它休闲起来。牛仔裤和运动鞋有一种对传统说"去你的"的感觉，而且它们穿起来更舒服。

不只是卡其色

一件彩色风衣既能让你经典上身，又能使你推陈出新。试想一下粉色、绿色或者明亮的红色，对不起，赭石色、铁锈色、灰色和海军色算不上有实验精神。

用你自己的方式穿它

梅根·马克尔精良的风衣裙、金·卡戴珊的风衣款紧身胸衣，以及身处伤病魔咒时期，在看台观看球赛的埃克托尔·贝列林对看台风格的致敬……风衣是种匿名性极强的单品，穿它最好的方式便是加入大剂量的"你自己"。

须知事项

● 第一件风衣早在第一次世界大战前就已出现。自19世纪中期起，雅格狮丹和博柏利两个品牌就已生产这种风格的衣服。博柏利的"Tielocken"在1912年获得了专利，它拥有现在我们能识别出的风衣特征——双排扣、翻领和腰部的带子。风衣在战争中象征了等级，只有军官能穿，而非所有的士兵。

● 雨衣可以追溯至1823年，当时查尔斯·麦金托什制作了第一件橡胶防水用具，后来它以"Macks"闻名。雅格狮丹在1851年后来居上，该品牌名在拉丁文中意为"水盾"，它生产出了一种叫作"防水羊毛"的面料。1856年，时年二十一岁的托马斯·博柏利创立了与自己同名的公司，后于1879年发明了华达呢，这是种透气且轻巧的防水面料，直至今天仍在使用。

● 侦探是风衣的经典穿着者，这种原型的源头来自1930年代及硬汉小说。他们穿着风衣出现在廉价杂志的封面之上，身边通常还陪有一位衣着暴露、身陷险境的女子。在《马耳他之鹰》中扮演萨姆·斯佩德的亨弗莱·鲍嘉和后来《黑街神探》中的理查德·朗德特里把这种风格带进了电影世界。

● 风衣曾是雅痞们的最爱，《上班女郎》中获得晋升的黛丝·麦吉尔穿着一件，《克莱默夫妇》中的两位主演也各自穿着一件。但同时，风衣也是"局外人"形象的象征，比如威廉·S.巴勒斯和伊恩·柯蒂斯。对于反主流文化来说，没有什么事情比颠覆主流社会的规则更有趣了。

● 在博柏利任职时期的克里斯托弗·贝利把风衣带回了时尚领域。2001年他接受任命后，将风衣打造成了博柏利的新名片，传达出《卫报》所称的那种"标准英伦范"。

采 访
帝国战争博物馆高级策展人、历史学家
劳拉·克劳汀

劳拉·克劳汀不是一个说话拐弯抹角的女人，在问到她认为是谁发明了风衣，究竟是雅格狮丹还是博柏利时，她回答道："说实话，这对于我来说无关紧要。风衣在第一次世界大战中的应用才是激起我兴趣的点。"

在给人以深刻印象的办公室里，博学的克劳汀身旁堆满了书籍与文件盒，她决心把风衣的故事从猜测臆想中抽离，放回第一次世界大战的真实历史当中。最大的谣传是并非只有军官，而是所有士兵都穿着风衣，克劳汀说："大家建立起这种观念，认为所有在战壕里的人都穿着风衣。"而且这只是大误会中的一个部分，她继续说道："每当我们想起第一次世界大战，我们都会想到风衣。但是（士兵们）在美索不达米亚和萨洛尼卡的高温下，穿的完全是另外一种类型的制服，他们深受疟疾和蚊虫的折磨……（战壕是一战中）非常主要的经历，但绝不代表它是唯一一种。"

后来发展出我们如今风衣的款式，在当时的战壕中流行开来并不是因为它的风格，而纯粹归结于它的实用性。在那种环境下，正是这些因素使风衣成了被人们渴望的物品。克劳汀说："博柏利之类的广告里就是这样提到的，'军队里的某个人拥有风衣八个月了，期间它一直为他遮风挡雨'……相应地，有钱人是这些广告宣传的受众。"

第一次世界大战在不经意间成了博柏利和雅格狮丹之类品牌的橱窗，

向众人展示它们服装设计的耐久性。"这是一个机会，不是吗？"克劳汀说道，"你有了这项使你免受雨水淋湿的技术，它已经存在、投入大批量生产、有越来越多的人穿上它——因为它在人们所处的环境中难以置信般的实用。"这场战争和它未曾被预料到的全球性质，使前所未有的更多目光聚焦在了这款设计上。她补充说："如果这场战争没有发展成这么大的规模，也不会有这么多人穿着风衣的。"

这位策展人穿的是一件非常精良的女士衬衫，上面印有那种你可以在1940年代茶歇裙上看到的花朵图案。她本人并不拥有任何一件风衣，但是她知晓风衣所代表的风格备受时尚人群喜爱。克劳汀说："这件受军队启发的服装对我们的吸引力，来自它没有过多无用装饰的简洁性。"不过，即使说话直来直往的克劳汀也承认，衣物不仅能够保护我们免受恶劣天气的侵扰，对于军队中那些在战后仍然选择穿着风衣的人来说，情感是其中的主要因素。"对于很多人而言，（参战）是一种有意义的经历，它可能并不完全是糟糕的，他们也许还会想到一些战友情谊之类的事情，"克劳汀说道，"我认为任何从战争中幸存下来的衣物，重要的都是关于它所浸染着的回忆。"

象征主义在今天依旧发挥着作用。克劳汀表示："我们把风衣与能力——至少是控制联系在一起。穿着风衣的人是领导者，即使我们自己没穿，但是我们可能会认为（一个穿着风衣的人）看起来非常自信优雅，好像他们了解自己在做什么一样。"而这，当然，对于任何有点冒名顶替综合征的人来说都是一种有吸引力的观念，无论他是第一次世界大战中新上任的军官，还是一百年后终于坐到秀场前排的新时尚编辑。

附 录

作者注

引 言
1　Lurie, Alison. 1981. *The Language of Clothes*.
　　London: Random House, p.4.

白T恤
1　Adlington, Lucy. 2016. *Stitches in Time: The Story
　　of the Clothes We Wear*. London: Random House,
　　p.24.
2　Antonelli, Paola and Millar Fisher, Michelle, eds.
　　2017. *Items: Is Fashion Modern?* New York: The
　　Museum of Modern Art, p.263.
3　Steele, Valerie, ed. 2010.*The Berg Companion to
　　Fashion*. New York: Berg Publishers, p.691.
4　同上，p.691
5　同上，p.691
6　Gunn, Tim with Calhoun, Ada. 2012. *Tim Gunn's
　　Fashion Bible: A Fascinating History of Everything in
　　Your Closet*. New York: Gallery Books, p.27.
7　Easby, Amber and Oliver, Henry. 2007. *The Art of
　　the Band T-shirt*. New York: Pocket Books, p.2
8　Steele, Op. cit., p.691.
9　同上，p.691.
10　Antonelli and Fisher, Op. cit., p.263.
11　Gunn with Calhoun, Op. cit., p.27.
12　Steele, Op. cit., p.692.
13　Antonelli and Fisher, Op. cit., p.131.
14　Easby and Oliver, Op. cit., p.14.
15　同上，p.3.
16　Antonelli and Fisher, Op. cit., p.130.
17　Steele, Op. cit., p.692.
18　Newman, Terry. 2017. *Legendary Authors and the
　　Clothes They Wore*. New York: Harper Design, p.95.
19　同上，p.92.
20　Hebdige, Dick. 1979. *Subculture: The Meaning of
　　Style*. Oxford: Routledge, p.107.
21　Gunn with Calhoun, Op. cit., p.30.
22　Steele, Op. cit., p.692.

23　Antonelli and Fisher, Op. cit., p.131.
24　Steele, Op. cit., p.693.
25　Gorman, Paul. 2001. *The Look: Adventures in Rock
　　& Pop Fashion*. New York: Sanctuary Publishing
　　Ltd, p.186.
26　Easby and Oliver, Op. cit., p.6-7.
27　Gunn with Calhoun, Op. cit., p.30.
28　Antonelli and Fisher, Op. cit., p.132.
29　Jaeger, Anne-Celine. 2009. *Fashion Makers, Fashion
　　Shapers: The Essential Guide to Fashion by Those in the
　　Know*. London: Thames & Hudson, p.87.
30　Mackinney-Valentin, Maria. 2017. *Fashioning
　　Identity: Status Ambivalence in Contemporary Fashion*.
　　London: Bloomsbury, p.99.
31　Brooks, Andrew. 2015. *Clothing Poverty, The
　　Hidden World of Fast Fashion and Second-hand Clothes*.
　　London: Zed Books Ltd, p.251.
32　同上，p.29.
33　Spivack, Emily. 2017. *Worn in New York: 68
　　Sartorial Memoirs of the City*. New York: Abrams,
　　p.81.

迷你裙
1　Levy, Shawn. 2014. *Ready, Steady, Go: Swinging
　　London and the Invention of Cool*. London: Fourth
　　Estate, p.240.
2　Quant, Mary. 2018. *Quant By Quant: The
　　Autobiography of Mary Quant*. London: V&A, p.18.
3　Quant, Op. cit., p.36.
4　Levy, Op. cit., p.54.
5　Sandbrook, Dominic. 2009. *White Heat: A History
　　of Britain in the Swinging Sixties 1964-1970*. London:
　　Abacus, p.453.
6　Levy, Op. cit., p.7.
7　Sandbrook, Op. cit., p.234.
8　同上，p.244.

9　Baxter, Mark; Brummell, Jason and Snowball,
　　Ian (eds). 2016. *Ready Steady Girls*. London: Suave
　　Collective Publishing, p. 40.
10　Laver, James. 1969. *A Concise History of Costume*.
　　London: Thames & Hudson, p.259.
11　Bass-Krueger, Maude and Kurkdjian, Sophie eds.
　　2019. *French Fashion, Women, and the First World War*.
　　New Haven: Yale University Press, p.82.
12　同上，p.266
13　Shulman, Alexandra. 2020. *Clothes...and other things
　　that matter*. London: Cassell, p.56.
14　Laver, Op. cit., p.263-4.
15　Levy, Ariel. 2006. *Feminist Chauvinist Pigs: Women
　　and the Rise of Raunch Culture*. London: Simon &
　　Schuster, p.4.
16　同上，p.5.
17　Bartley, Luella. 2011. *Luella's Guide to English Style*.
　　London: Fourth Estate, p.250.

牛仔裤

1　Maries, Patrick and Napias, Jean-Christophe.
　　2016. *Fashion Quotes: Stylish Wit & Catwalk Wisdom*.
　　London: Thames & Hudson, p.118.
2　Sullivan, James. 2006. *Jeans: A Cultural History of an
　　American Icon*. Hollywood: Gotham Books, p.26.
3　同上，p.12-13.
4　Gunn, Tim with Calhoun, Ada. 2012. *Tim Gunn's
　　Fashion Bible: A Fascinating History of Everything in
　　Your Closet*. New York: Gallery Books, p.41.
5　St Clair, Kassia. 2018. *The Secret Lives of Colour*.
　　London: John Murray, p.190-1.
6　Adlington, Lucy. 2016. *Stitches in Time: The Story
　　of the Clothes We Wear*. London: Random House,
　　p.167.
7　Sullivan, Op. cit., p.62.
8　Miller, Daniel and Woodward, Sophie, eds. 2010.
　　Global Denim. London: Berg Publishers, p.34.
9　同上，p.38
10　Tuite, Rebecca C. 2017. *Seven Sisters Style: The
　　All-American Preppy Look*. New York: Universe
　　Publishing, p.43.
11　Polhemus, Ted. 2010. *Street Style*. London:
　　PYMCA, p.24.
12　Sullivan, Op. cit., p.108.
13　Brooks, Andrew. 2015. *Clothing Poverty, The
　　Hidden World of Fast Fashion and Second-hand Clothes*.

London: Zed Books Ltd, p.291.
14　Sullivan, Op. cit., p.138.
15　同上，p.126-7.
16　Steele, Valerie, ed. 2010.*The Berg Companion to
　　Fashion*. New York: Berg Publishers, p.281.
17　Bernstein, Bill. 2015. *Disco: The Bill Bernstein
　　Photographs*. London: Reel Art Press, p.10.
18　George, Nelson. 2005. *Hip Hop America*. New
　　York: Penguin Books, p.163.
19　Miller and Woodward eds., Op. cit., p.161.
20　Brooks, Op. cit., p.28.
21　Antonelli, Paola and Millar Fisher, Michelle, eds.
　　2017. *Items: Is Fashion Modern?*. New York: The
　　Museum of Modern Art, p.34.
22　Brooks, Op. cit., p.30.
23　Corner, Frances. 2014. *Why Fashion Matters*.
　　London: Thames & Hudson, p.26.
24　Brooks, Op. cit., p.42.
25　Polhemus, Op. cit., p.24.

平底芭蕾舞鞋

1　Mears, Patricia et al. 2019. *Ballerina: Fashion's
　　Modern Muse*. New York: Vendome Press, p.7.
2　同上，p.191.
3　同上，p.177.
4　Antonelli, Paola and Millar Fisher, Michelle, eds.
　　2017. *Items: Is Fashion Modern?*. New York: The
　　Museum of Modern Art, p.49.
5　Welters, Linda and Cunningham, Patricia A. eds.
　　2005. *Twentieth Century American Fashion*. London:
　　Bloomsbury, p.156.
6　Mears et al., Op. cit., p.217.
7　Heti, Sheila, Julavits, Heidi, and Shapton,
　　Leanne eds. 2014.*Women In Clothes: Why We Wear
　　What We Wear*. London: Particular Book, p.275.
8　Tolentino, Jia. 2020. *Trick Mirror: Reflections on Self-
　　Delusion*. London: Fourth Estate, p.77.

帽衫

1　Kinney, Alison. 2016. *Hood*. London:
　　Bloomsbury Academic, p.5.
2　同上，p.50.
3　同上，p.38.
4　同上，p.40.
5　Antonelli, Paola and Millar Fisher, Michelle, eds.
　　2017. *Items: Is Fashion Modern?* New York: The

Museum of Modern Art, p.143

6   Jenkins, Sacha. 2015. *Fresh Dressed*. Samuel
    Goldwyn Films, 17:00.

7   George, Nelson. 2005. *Hip Hop America*. New
    York: Penguin Books, p.211.

海魂衫

1   Picardie, Justine. 2017. *Coco Chanel: The Legend and
    the Life*. London: Harper Collins, p.176.

2   Pastourau, Michel. 2001. *The Devil's Cloth: A History
    of Stripes and Striped Fabric*. Columbia: Columbia
    University Press, p.88-89.

3   Steele, Valerie eds. *Paris: Capital of Fashion*.
    London: Bloomsbury Visual Arts, p.165,

4   同上，p.178.

细高跟鞋

1   Czerwinski, Michael. 2009. *Fifty Shoes that Changed
    the World*. London: Conran, p.32.

2   Steele, Valerie, ed. 2010.*The Berg Companion to
    Fashion*. New York: Berg Publishers, p.409.

3   同上，p. 637

4   MacDonell Smith, Nancy. 2003. *The Classic Ten:
    The True Story of the Little Black Dress and Nine Other
    Fashion Items*. London: Penguin Books, p.115.

5   Brennan, Summer. 2019. *High Heel*. London:
    Bloomsbury Academic, p.40.

6   Steele, Op. cit., p.409.

7   MacDonell Smith, Op. cit., p.107.

8   Adlington, Lucy. 2016. *Stitches in Time: The Story
    of the Clothes We Wear*. London: Random House,
    p.275.

9   Steele, Op. cit., p.634.

10 同上，p.408.

11 MacDonell Smith, Op. cit., p.110.

12 Steele, Op. cit., p.409.

13 同上，p.409.

14 *High Heel*, p.125.

15 Quick, Harriet. *Vogue: The Shoe*. London: Conran,
    p.16.

16 Brennan, Op. cit., p.92.

17 同上，p.142.

18 Steele, Op. cit., p.186.

19 MacDonell Smith, Op. cit., p.109.

20 Steele, Op. cit., p.332.

21 Brennan, Op. cit., p.49-50.

22 Quick, Op. cit., p.70

23 Pedersen, Stephanie. 2005. *Shoes: What Every
    Woman Should Know*. Exeter: David & Charles, p.
    110.

24 MacDonell Smith, Op. cit., p.103.

25 Pedersen, Op. cit., p.55.

26 Grant, Linda. 2009. *The Thoughtful Dresser*.
    London: Virago, p.295.

27 Brennan, Op. cit., p.137.

28 Czerwinski, Op. cit., p.78.

29 Quick, Op. cit., p.66.

机车夹克

1   Antonelli, Paola and Millar Fisher, Michelle, eds.
    2017. *Items: Is Fashion Modern?* New York: The
    Museum of Modern Art p.57.

2   同上，p.57.

3   Farren, Mick. 1985. *The Black Leather Jacket*.
    London: Plexus Publishing Limited. p.32-33.

4   同上，p.25.

5   Sullivan, James. 2006. *Jeans: A Cultural History of an
    American Icon*. Hollywood: Gotham Books, p.91.

6   Antonelli and Millar Fisher, Op. cit., p.57.

7   Sullivan, Op. cit., p.90.

8   同上，p.90-1

9   Antonelli and Millar Fisher, Op. cit., p.57.

10 同上，p.57.

11 Polhemus, Ted. 2010. *Street Style*. London:
    PYMCA, p.27.

12 同上，p.46.

13 同上，p.46.

14 同上，p.47.

15 同上，p.47.

16 Sandbrook, Dominic. 2009. *White Heat: A History
    of Britain in the Swinging Sixties 1964-1970*. London:
    Abacus, p.208.

17 同上，p.207.

18 Drake, Alicia. 2007. *The Beautiful Fall: Fashion,
    Genius and Glorious Excess in 1970s Paris*. London:
    Bloomsbury, p.29.

19 Yates, Richard. 2008. *The Easter Parade*. London:
    Vintage Classics, p.183.

20 Reynolds, Simon. 2012. *Retromania: Pop Culture's
    Addiction to its Own Past*. London: Faber & Faber,
    p.305.

21 同上，p.306-7

22 Farren, Op. cit., p.103.
23 Spivack, Emily. 2017. *Worn in New York: 68 Sartorial Memoirs of the City.* New York: Abrams, p.61
24 Antonelli and Millar Fisher, Op. cit., p.58.
25 Farren, Op. cit., p.102.

小黑裙

1   Bari, Shahidha. 2009. *Dressed: The Secret Life of Clothes.* London: Jonathon Cape, p.77.
2   Ludot, Didier. 2001. *The Little Black Dress.* New York: Assouline Publishing, p.5.
3   Mendes, Valerie D. 1999. *Black in Fashion,* London: V&A Publications, p.29.
4   Steele, Valerie, ed. 2010.*The Berg Companion to Fashion.* New York: Berg Publishers, p. 39.
5   Davis, Fred. 1994. *Fashion, Culture, and Identity.* Chicago: University of Chicago Press. p.57.
6   Picardie, Justine. 2017. *Coco Chanel: The Legend and the Life.* London: Harper Collins, p.58.
7   Bass-Krueger, Maude and Kurkdjian, Sophie eds. 2019. *French Fashion, Women, and the First World War.* New Haven: Yale University Press p.202.
8   Mendes, Op. cit., p.10.
9   Davis, Op. cit., p.64.
10 Antonelli, Paola and Millar Fisher, Michelle, eds. 2017. *Items: Is Fashion Modern?* New York: The Museum of Modern Art, p.163.
11 Ludot, Op. cit., p.8
12 Mendes, Op. cit., introduction.
13 Wilson, Elizabeth. 2009. *Adorned In Dreams.* London: I. B. Tauris & Co. Ltd, p.186.
14 Steele, Op. cit., p.605.
15 Bari, Op. cit., p.263.
16 同上，p.263
17 Wilson, Op. cit., p.186.
18 Lurie, Alison. 1992. *The Language of Clothes.* London: Bloomsbury Publishing, p.190.
19 Mendes, Op. cit., p.8.
20 Bass-Krueger and Kurkdjian, Op. cit., p.209.
21 同上，p.210.
22 Mendes, Op. cit., p.87.
23 同上，p.89.
24 Wilson, Mary with Bego, Mark. 2019. *Supreme Glamour.* London: Thames & Hudson Ltd, p. 84.
25 Mendes, Op. cit., p.17.

26 MacDonell Smith, Nancy. 2003. *The Classic Ten: The True Story of the Little Black Dress and Nine Other Fashion Items.* London: Penguin Books, p.16.
27 Mendes, Op. cit., p.17.
28 同上，p.8.
29 同上，p.17.

风 衣

1   MacDonell Smith, Nancy. 2003. *The Classic Ten: The True Story of the Little Black Dress and Nine Other Fashion Items.* London: Penguin Books, p.148.
2   Foulkes, Nick. 2007. *The Trench Book.* New York: Assouline Publishing, p.29.
3   St Clair, Kassia. 2018. *The Secret Lives of Colour.* London: John Murray, p.240.
4   Foulkes, Op. cit., p.117.
5   同上，p.272.
6   Drake, Alicia. 2007. *The Beautiful Fall: Fashion, Genius and Glorious Excess in 1970s Paris.* London: Bloomsbury, p.8.
7   MacDonell Smith, Op. cit., p.155.
8   Drake, Op. cit., p.49-50.
9   Newman, Terry. 2017. *Legendary Authors and the Clothes They Wore.* New York: Harper Design, p.9.
10 同上，p.170.
11 Foulkes, Op. cit., p. 291.
12 Reynolds, Simon. 2019. *Rip It Up and Start Again: Postpunk 1978–1984.* London: Faber & Faber, p.176.
13 MacDonell Smith, Op. cit., p.145.
14 Light, Alan. 2014. *Let's Go Crazy: Prince and the Making of Purple Rain.* New York: Atria Books, p.39.
15 Thorne, Matt. 2013. *Prince.* London: Faber & Faber, p.68.
16 Grant, Linda. 2009. *The Thoughtful Dresser.* London: Virago, p.191.

资料网址

1843 Magazine, www.economist.com
Allure, www.allure.com
Another Magazine, www.anothermag.com
Archive Vintage, archivevintage.com
Business of Fashion, www.businessoffashion.com
Clothes on Film, clothesonfilm.com
Cosmopolitan, www.cosmopolitan.com
CR Fashion Book, www.crfashionbook.com
Dazed Beauty, www.dazeddigital.com
Ethical Gallery, www.ethicalgallery.com.au
Fashionista, fashionista.com/
GQ, www.gq.com
Grazia, graziadaily.co.uk
Harpers Bazaar, www.harpersbazaar.com
i-D Vice, i-d.vice.com
InStyle, www.instyle.com
Interview Magazine, www.interviewmagazine.com
Maire Claire, www.marieclaire.co.uk
MoMA, medium.com/items

Paper Magazine, www.papermag.com
Repeller, repeller.com
Rolling Stone, www.rollingstone.com
Slate, slate.com
Smithsonian Magazine, www.smithsonianmag.com
Textile World, www.textileworld.com
The Atlantic, www.theatlantic.com
The Conversation, theconversation.com
The Fabulous Times, www.thefaboustimes.com
The Guardian, www.theguardian.com
The New York Times, www.nytimes.com
The New Yorker, www.newyorker.com
The Telegraph, fashion.telegraph.co.uk
V&A Museum, www.vam.ac.uk/
Vanity Fair, www.vanityfair.com
Velvet Magazine, velvet-mag.com
Vice, www.vice.com
Vogue, www.vogue.com
Vox, www.vox.com

图片版权

The Ten

The Ten